想都是问题，
做才是答案

雨岑 著

吉林文史出版社
JILIN WENSHI CHUBANSHE

图书在版编目（CIP）数据

想都是问题，做才是答案 / 雨岑著. -- 长春：吉林文史出版社, 2019.3

ISBN 978-7-5472-6054-8

Ⅰ.①想… Ⅱ.①雨… Ⅲ.①成功心理－通俗读物 Ⅳ.①B848.4-49

中国版本图书馆CIP数据核字(2019)第047733号

想都是问题，做才是答案

出 版 人　孙建军
著　　者　雨　岑
责任编辑　弭　兰　崔月新
封面设计　韩立强
出版发行　吉林文史出版社有限责任公司
地　　址　长春市福祉大路出版集团A座
网　　址　www.jlws.com.cn
印　　刷　北京楠萍印刷有限公司
版　　次　2019年3月第1版　2019年3月第1次印刷
开　　本　880mm×1230mm　　1/32
字　　数　140千
印　　张　8
书　　号　ISBN 978-7-5472-6054-8
定　　价　38.00元

前　言

明代思想家王阳明说："夫学、问、思、辨，皆所以为学，未有学而不行者也。"这句话的意思是：学习、提问、思考、分辨，这些都是为了更好地学习，而要掌握这件事，仅仅有前几者却没有行动，是万万不可能实现的。

世间万事皆是这个道理。生活中，有很多人碌碌无为、平平庸庸，难道他们是甘心平庸、屈于平凡，心中没有美好的愿望，还是他们不勤于思考，不懂得谋划呢？

恰恰相反，大多数人都有美好的愿望，梦想着有朝一日能够出人头地、出类拔萃，也都善于计划和谋划，可为什么结果适得其反呢？究其原因，是因为他们整日做着好梦，却只是停留在空想、喊口号上，从来不敢或不愿意付诸行动和努力。结果呢？他们不仅一生都一无所获，还白白浪费掉了大好青春。

他们有远大的目标和梦想，却总是习惯夸夸其谈，说得比什么都好听，一到行动的时候就退缩了，最终那些远大的目标和梦想都成为了空谈，犹如空中楼阁一般飘在空中，永远等不到实现的那一天。

他们有很好的想法，可过分信奉"三思而后行"，在思考的过程中，做事的勇气被一点点消磨，然后把"三思"当作是自己不行动的借口。最终，事情一拖再拖，机遇拖成了"霉运"，把成功拱手送给了别人。

他们虽然做好了完美的计划，但内心却被惰性占据着，懒惰、散漫，不愿意付出更多的努力，最终，行动还没有开始多久就放弃了，只能草草收场。

甚至有些人习惯找借口，整天说自己"没有时间""明天再做吧""反正时间还有很多"……殊不知在他们犹豫、拖延的时候，做事的最好时机早已错过，计划和目标也无疾而终。

……

看看吧！这样只想不做的人怎么能成功？

一位名人曾经说过："任何语言都是苍白的，你唯一需要的就是执行力，一个行动胜过一打计划。"对于任何事来说，心动都不如行动，只有行动起来，我们才能越来越接近成功。而不行动，一切都等于零。

还记得那个整天吵着要发财却从来不买彩票的人吗？还记得那个想要去南海的和尚吗？世界上最悲哀的事情就是，你有想法，却没有真正付出行动；世界上最悲哀的一句话就是："我当时真应该那么做，却没有那么做。"很多时候，想一千次，不如去做一次；谋划一万次，不如去实践一次。

所以，不要想太多，更不要犹豫、恐惧，先行动起来，纵然失败了，也胜过无谓的空想。因为行动了，我们还有成功的机会和可能，可若是从来不行动，那么成功的概率就只有零。古往今来，那些失败者大多数是因为不敢行动、不愿意行动，或是拖延行动。而大多数成功者也有一个共同的特点，那就是做事情勇敢无畏，想到就做到，决不拖泥带水。

成功的道路上并不拥挤，是因为想的人多，行动的人少。要记住：想，都是问题；做，才是答案。

目　　录

第一章　想与做之间，隔了一道天堑…………………………… 1

1.空想是失败的源头，行动是成功的开始 …………………… 2

2.想一千次，不如做一次 …………………………………… 6

3.没有行动支撑，想法便没有任何意义 …………………… 10

4.有些事，只要做了，就没有想象中那么难 …………… 13

5.你白日做梦的时候，总有人在默默地努力 …………… 17

6.小心你的"想当然" ……………………………………… 21

7.成功不是靠梦想和希望，而是靠努力和实践 ………… 25

第二章　梦想家描绘世界，行动者踏遍全球………………… 29

1.空想者的世界叫做"海市蜃楼" ……………………… 30

2.思想的宝藏，唯有行动才能开启 …………………… 34

3.想做就做，不让生活只剩下遗憾 …………………… 38

4.你和梦想之间，只差一个积极的行动 ……………… 41

5.不努力还什么都想要，你凭什么？ ………………… 46

6.做梦是最消磨时间的毒药 …………………………… 50

7.不是"想要做好"，而是"一定要做好" …………… 53

8.你是什么样，关键在于你做到什么样 ……………… 57

第三章 用脑子谋划未来，用双手创造人生 …………………… 61

　1.人生需要谋划，有目标才有方向 ……………………………… 62

　2.要努力向前，也要让每一份努力有该去的方向 …………… 66

　3.好运都是自己用双手争来的 ………………………………… 70

　4.谋划是根，行动为本 ………………………………………… 74

　5.有雄心，更要脚踏实地 ……………………………………… 78

　6.不苦练实力，怎么能一鸣惊人 ……………………………… 82

　7.不给你的未来设限，才能创造无限的可能 ………………… 86

　8.空有大格局，小事也成不了 ………………………………… 89

第四章 借口是懦弱的面具，你缺乏的只是勇气 …………… 93

　1.想多少"如果"，不如来一个"如何" ……………………… 94

　2.真正阻拦你的不是借口，而是懦弱 ………………………… 98

　3.过分在乎"损失"，就会失去"可能性" ………………… 101

　4.不踏出这一步，你怎么知道不行？ ………………………… 105

　5.你缺少的不是成功的机会，而是行动的勇气 …………… 109

　6.时时想着稳妥些，难以有大成就 ………………………… 113

　7.拿出破釜沉舟的勇气，逼出自己的成功 ………………… 117

　8.野心还是要有的，万一实现了呢？ ……………………… 120

　9.做你害怕的事，直到成功为止 …………………………… 124

第五章 成功就是——拳打"拖延"，脚踢"懒癌" …… 127

　　1.在自我欺骗中，越"拖"越废 …………………………… 128

　　2."懒癌"君附体，成功再见！ …………………………… 132

3.不要把精力浪费在寻找借口上 …………………… 135

4.抓住今天，自然赢得明天 …………………… 138

5.不思进取，只能变成职场"橡皮人" …………… 142

6.计划不重要，行动才关键 …………………… 146

7.眼前的轻松，终会成为日后的沉重 …………… 150

8.敢于去做，就没有什么不可能 …………………… 155

第六章　效率至上，和时间签个协议 …………………… 159

1.任何目标都需要一个"截止日期" …………… 160

2.把握"黄金时间"，打造"黄金效率" …………… 165

3.天下武功，唯快不破 …………………… 169

4.逝者如斯夫，不舍昼夜 …………………… 173

5.珍惜当下，珍惜眼前的风景 …………………… 177

6.不要忽略任何一天 …………………… 181

第七章　先行动起来，世上没有"万无一失" ………… 185

1.思虑越多，问题越多 …………………… 186

2.勇气就是在等待中耗尽的 …………………… 190

3."完成"比"完美"靠谱多了 …………………… 194

4."东风"转瞬即逝，哪能等你"万事俱备" ……… 198

5.把"待办事项"变成"必办事项" …………… 202

6.不是笨鸟，也要先飞 …………………… 206

7.你与不留遗憾只距离一步 …………………… 209

8.先想后行，不如先行后想 …………………… 213

9.不是别人行动快，而是你行动慢 …………… 217

第八章 问题在"想"中滋生，答案在"做"里诞生…… 221

1.想得越多，问题就越多 …………………………… 222

2."想"是原地踏步，"做"才能抵达终点 ………… 226

3.实践出真知，答案都藏在行动里 ……………… 230

4.迷茫是因为想得太多，做得太少 ……………… 233

5.绝大多数的恐惧源于多想少做 ………………… 236

6."想"是你的答案，"做"是标准答案 …………… 239

7."想"不能解决任何问题 ………………………… 242

8.最好的经验都来自实践 ………………………… 245

第一章 想与做之间，
DIYIZHANG
隔了一道天堑

　　有人问杰克·韦尔奇："你说的那些我们都知道，可是我们之间的距离，为什么会如此大呢？"杰克·韦尔奇只是轻轻地说："那是因为你们是知道，而我是做到了，这就是我们的差别。"

　　没错，知道得再多，想得再好，如果不去做，那么永远都一无所获。行动是拉开人与人之间距离的关键；行动是人与人成功与失败的前提。你越是行动得彻底，那么与人拉开的距离也就越大。

1.空想是失败的源头，行动是成功的开始

很多人看到别人成功时，总是羡慕地说："他那么成功，真是命好！"或许你会认为这样的人肯定非常渴望成功，事实也确实如此。可接下来你再听他的话就知道了，他对于成功仅仅是有"渴望"罢了，却从来没有真正行动过，没有为成功而付出过任何努力。

接下来他会说类似的话："要是我当初能坚持自己的想法，便也会有这样的成功。"若是有人问他为什么没去坚持、没去做事，他们就会说："那是因为我没有资金""我怕失败"……

看吧！他对于成功的渴望只停留在空想之上，就连第一步都没有迈出，试想又怎么能真正成功呢？

空想是失败的源头，行动是成功的开始。这是一个简单的道理，而事实也证明，那些人人都羡慕的成功者总是有说干就干的勇气和魄力。因为他们比任何人都明白，做好任何一件小事都需要行动和坚持，更需要努力；他们比任何一个人更明白，行动不一定成功，但是仅靠空想而不行动，是绝对不可能成功的。所以，我们应该趁着岁月正好，勇敢地做自己想做的事情。

相信，这个世界绝不会亏待一个有行动力，并执着向前的人，也会让每一个怀揣梦想的人迈向最后的成功。

一个年轻人的经历便向我们证明了这个道理。

大学毕业后，他进入一家房地产公司，经过专业培训之后便成为了一名正式员工。在一次全员大会上，总经理慷慨激昂地进行一番演

讲，鼓励大家努力工作，一定要做出突出的成绩。这个年轻人很受鼓舞，立志成为这个行业的卓越者。

接下来，总经理转过身，从公文包里拿出一沓文件，问道："这些文件是急需处理的，有谁愿意帮我整理一下？"

年轻人很想站起来，说"我可以"，可是看到大家都坐着不动，便也没敢站起来。片刻之后，总经理笑了笑，指着窗外那高楼林立的开发区，说："你们知道吗？20年前那里还是一片荒芜，没有一栋大楼，甚至没有一个人。当时很多人想要开发这里，因为要是能够成功的话，便可以获得巨额利润，可是由于缺乏国家的资金支持，谁也没有勇气站出来。后来，一个年轻人行动了，虽然有些犹豫，但他却是第一个敢行动的人。现在你们看到了，这里变得异常繁荣，而那个年轻人也成就了属于自己的事业。"

人们心里都明白，那个年轻人就是总经理本人，因为他敢行动、敢尝试，所以才成就了今日的成功，缔造了一个非凡的地产王国。如果当时他只是渴望成功，却不敢行动，现在很可能会碌碌无为。

一下子，他的激情被唤醒，于是勇敢地站起来说："总经理，我愿意！"

总经理看着他，微笑地点了点头。之后，这个年轻人总是比别人更快行动，比别人做更多的工作，而总经理也逐渐把一些重要的事情交给他。

很快，几年过去了，这个年轻人做出了非凡的业绩，坐上了部门经理的位置。当有人问他为何在短短几年便取得如此成绩时，他总是会说起总经理当年说的话，并且感慨地说："行动是成功的开始。虽然行动之后，你不一定会获得成功；但是你若坐在原地，不肯行动，那么就永远也不要奢望成功！"

没错，只有行动起来，你才能有赢得成功的机会。不管你的想法是什么，不管你从哪里开始，当你想要成功的时候，就必须让自己行动起来，否则，一切都将会成为过眼烟云。而等待你的也只有失败、失败、再失败。

在这个世界上，我们每个人的成功，甚至是一点一滴的收获，都是通过货真价实的行动来得到的。有的人收获满满，获得了巨额的财富，那是因为他们具有独特的行动力；而有的人两手空空，穷其一生，则是因为他们始终想入非非，活在自己的空想之中，即便有机会摆在他们面前，他们也只会选择等待和观望。

一次，美国通用电器公司首席执行官杰克·韦尔奇给一家企业的管理人员进行培训，事后，一位中层管理者问道："韦尔奇先生，您讲的那些内容我们都知道，可为什么我们之间还有如此大的差距呢？"

杰克·韦尔奇笑着说："那是因为你们是知道，而我是做到了，这就是我们的差别。"

是的，这就是差别——空想与行动的差别，正是因为这个差别才造就了失败和成功的天差地别。很多时候，我们知道很多道理，但是这些简单易知的道理我们却没有做到。比如我们都知道"水滴石穿"的道理，可轮到自己做事的时候却时常缺乏耐心，不能坚持到底，结果只能与成功失之交臂。很多时候，我们总是有很多想法和构思，但是却没有及时抓住机会去把这些想法付诸实践。比如我们想要提升自己，多读些书籍，可每次刚拿起书就放下，反而看起手机来，沉浸在搞笑视频、微信聊天之中，结果提升、读书都成为了空想。

所以，知道得再多、想得再好，可不去做，不去行动，那么我们只能在原地踏步，只能承受一次次失败。只有行动，才能使我们一步步地实现自己的想法，一步步地迈向成功。也正是行动，才能使我们拉开与失败者的距离，要想避免失败，首先要超越我们自己。

若是你想要成功，那就做自己想做的事情，并且真正付出自己的行动和努力吧！

做到了，你便是成功者！

2.想一千次，不如做一次

荀子说："坐而言，不如起而行。"这句话的含义非常简单，就是与其坐着说，不如站起来去做。用我们今天的俗语来说就是"说得好，不如做得好""是驴子是马，拉出来溜溜"。

其实，生活中有很多喜欢"坐而言"的人，他们遇到事情便夸夸而谈，只说不做；说起什么事情来头头是道，可是轮到他去做的时候，便犹犹豫豫、畏畏缩缩了。可要知道，不管什么事情，你说得再动听、再美丽动人，没有付出行动，还不如不说。

说到这里，想起这样一则寓言故事：

在一个仓库中有很多老鼠，它们快乐地生活，享受着吃不尽的粮食，可仓库主人发现了它们，为了避免粮食再受损失，于是在仓库中养了一只猫。

这只猫特别厉害，是个抓老鼠的能手，所以仓库中老鼠的数量不断减少。老鼠们每天活得战战兢兢，躲在洞里不敢轻易外出。眼见情况越来越糟糕，老鼠大王召开了全员大会，商讨如何对付这只讨厌的猫。

一时间，老鼠们叽叽喳喳，谈论个不停，也想出了很多独特的方法。

有的老鼠说："我们可以研究一种毒药，然后悄悄放到猫的食物里。猫被毒死了，我们不就安全了吗！"

有的老鼠说："我们可以用滚烫的黄油，把那只猫给烫死！"

还有的老鼠说："那只猫虽然厉害，可是它毕竟只有一只猫啊！我们是一群，力量大，怎么也能打过它吧！不如我们一拥而上，把那只猫咬死！"

……

可是这些想法都被鼠王否定了，因为这都不是可行的办法，都不能保证既消灭那只猫，又能保全自己的性命。

这时，一只聪明的老鼠站了出来，说："大王，我有一个非常好的办法，又安全又有效。"

鼠王看着它，问道："什么办法？快点说出来听听！"

这只老鼠说："这只猫实在太厉害了，死打硬拼的话，我们肯定不是它的对手，不如我们采取防御的方法，如何？"

大家都着急地问："怎么防御？"

它说道："我们可以等它睡着之后，在它的脖子上系个铃铛，这样，我们只要听到铃铛的声音，就知道猫来了，就不用担心被它抓住了！"

"好办法，好办法，这真是个好主意啊！"老鼠们欢呼雀跃起来，鼠王也觉得这个主意很好，便立即批准了这个方案。之后鼠王便号召大家落实计划，询问谁愿意主动接下这个任务。

可等了好半天，都没有一只老鼠愿意接受任务。年老的老鼠说："我们年纪已经大了，老眼昏花、腿脚不灵，要是接受任务的话，不就是去送死吗！最好是找个身强体壮、行动灵活的去执行任务。"

年轻的老鼠则推脱说："我们虽然年轻，可是身上的任务太重了，如果我们被抓住了，之后谁还能为大家找食物？还是找小老鼠吧！它们身形小，跑得快，个个是机灵鬼儿。"

而小老鼠则赶紧往后退，说："我们可不行！我们还这么小，怎么能做这样危险的事情……"

之后，还召开了很多次这样的大会，每一次它们都能集思广益，想出解决问题的办法。但是呢？尽管它们想出了绝好的办法，但是所有的老鼠都不敢行动，结果只能继续战战兢兢地生活……

这是一群聪明的老鼠，却也是一群愚蠢的老鼠。因为它们的聪明只是停留在想法上，却没有落实到行动上。这样一来，不管它们讨论多少次，想出多少完美的方案也没有任何意义，现实始终都没有丝毫改变。

由此可见，说一千次，也不如做一次。如果仅仅是凭脑子想，永远不付诸行动，那么一切都只是一场空，永远都不会有任何收获和成就。

事实上，很多人也犹如寓言中的老鼠们一样。关于生活、关于事业，他们总是有很多很多想法，甚至是美好的梦想、宏大的计划。看到别人事业有成，他们便会激情满满地高呼："我的未来就应该是这个样子，我一定能成就一番事业……"听到一个创造财富的故事，就兴奋地呐喊："要是给我这样的机会，我肯定比他还成功……"

可一旦涉及行动，这些人便退缩或放弃了，那些所谓的想法、梦想、计划慢慢地变成了闲扯的故事，或是很快就被忘掉了。甚至有些人习惯了畅想，只要是心情不错便灵机一动，冒出一个想法，或是时不时向其他人夸耀自己的计划。而熟悉他们的人都知道，这些想法不过是他们自己头脑发热时随口说说而已。

所以，我们每一个人都应该有实干的意识，不要把想法和计划停留在嘴上。虽然说话要比行动、努力省力得多，只需上嘴唇一碰下嘴唇就可以了，但这也会让我们的目标成了空谈，梦想打了水漂儿，最终只落得个嘴巴痛快。

而那些成功的人则都是行动大于想法的人，不仅有完美的想法和计划，而且能够立即行动，且不折不扣地做下去。

肯特是一位著名的探险家，年纪轻轻便开始周游世界，实现了106个愿望。而这只是源于他儿时的一个小小想法。

8岁的时候，他从祖父那里得到一份生日礼物———一张世界地图。这张地图大大开拓了他的视野，让他梦想着有一天可以环游世界。之后他为自己制订了计划，其中包括到尼罗河、亚马孙河和刚果河探险；驾驭大象、骆驼、鸵鸟和野马；读完莎士比亚、柏拉图和亚里士多德的著作；给非洲的孩子筹集100万美元捐款……

成年后，为了完成这些计划和梦想，他通过几个月的努力，积攒了80美元。拿着这80美元，他开始了周游世界的旅程：在巴黎，他为一家高档宾馆提供了一份美国人最近旅游习惯的资料，所以得到一份免费的晚餐；在瑞士，他帮一家公司免费拍照片，所以得到一张去往意大利的飞机票……

就这样，肯特拿着那张世界地图和自己记录梦想的小本子，一个个地实现了自己当初的梦想。

所以，想一千次，都不如做一次。想，可以让我们有一个方向，而做，却可以让我们到达那个方向的目的地。只有行动了，我们才可以得到自己想要的。

3.没有行动支撑，想法便没有任何意义

一个人不怕没有想法，有了想法才会有成功，但是如何让想法成为现实，就看我们在之后付出什么样的努力了。有想法，却没有行动的支撑，那么想法就没有了任何意义，一切都只能等于零。

正如培根曾说过的那句话："好的思想，尽管得到上帝赞赏，然而若不付诸行动，无外乎痴人说梦。" 克雷洛夫也说："现实是此岸，理想是彼岸，中间隔着湍急的河流，行动则是架在河上的桥梁。"

世界上所有的伟大发明，都是在异想天开之后付出行动而来的；世界上所有的伟大事业，都是在美好的愿望之后敢于尝试而获得的。所以，若是想要成功，请大胆地想象，让自己的头脑迸发出灵感、计划，然后用自己的行动来支撑它。如此一来，即便是一个突发的想法也会变得更有意义和价值，并且结出意想不到的果实。

有两个美丽的女孩，她们都怀揣着同样的梦想——梦想着成为一位出色的主持人，出现在万千观众的视野中。

一位女孩叫作西尔维亚，从十几岁的时候就一直想当电视节目的主持人。当然，虽然她年纪尚小，身上却有做主持人的天赋——她非常擅长与人交谈，能够轻松地赢得别人的喜欢，即使是陌生人也都愿意亲近她并和她长谈；她说话非常温柔，具有强大的亲和力；她口才非常好，时常在公众场合滔滔不绝、谈笑风生。

对于西尔维亚这个愿望，她的家人也非常支持，并且为她提供了极大的便利。在她初中时期，家人便为她报了专业口才培训班，请了著名的专

业老师。之后，家人还想办法把她送进大学，专门学习播音主持专业。

但是，西尔维亚成功了吗？成为一位著名的主持人了吗？

不！虽然她非常有天赋，也渴望成为主持人，可最后却没有实现这个梦想。因为她没有为自己的理想做任何事，没有付出过任何行动。大学毕业后，她觉得凭借自己的能力和才华，肯定能获得各大电视台的青睐，并且主动向她伸出橄榄枝。

可是这样的想法是多么不切实际啊！这个世界上，没有任何一个电视台肯主动地邀请一个没有任何经验的人，去担任电视节目主持人；也没有哪一个初出茅庐的新人，能够不付出任何努力，就能在一夜之间成为著名的主持人。

可是这个女孩并不明白这样的道理，她始终抱着不切实际的想法，等待着有赏识她这个"千里马"的伯乐出现。结果在等待中，她浪费掉大把的美好时光，最后连一份简单的工作都没有找到。

那么另外一个怀有同样梦想的女孩怎样了呢？

这个叫辛迪的女孩在开始同样遭遇了西尔维亚类似的打击，每当她到电视台或是电台应聘时，得到的答复都是"对不起，我们这里不需要新人""你没有主持经验，我们是不会雇用你的"……

在追求梦想的道路上，她一次次遭受打击。可是她知道，所有的成功都要靠自己努力去争取，若是自己不行动、不尝试，那么就更不可能成功。她不断地对自己说："这个世界没有免费的午餐，自己必须一步步努力实现自己的梦想。"

接下来，辛迪一边提升自己一边继续求职，白天她去打工，晚上则上夜校学习。剩下的时间，她还阅读了诸多关于广播电视方面的杂志。终于有一天，她看到偏远地区的一个小电视台正在招聘天气预报的女主持。

虽然辛迪是加州人，不适应北方的天气，但是为了做自己喜欢的事情，她毅然选择了前往。就这样，她利用这个小平台，实现了自己做主持人的梦。当然，辛迪的志向不仅仅在此，她想要成为更出色的主持人，在之后的两年，她兢兢业业地工作，不断积累经验和提升自己，后来终于在洛杉矶的电视台找到了一份工作。虽然这份工作不是做主持人，但是她知道自己又朝着梦想向前迈进了一步。又过了五年，她终于成为了梦想已久的著名主持人。

辛迪最后成功了，究其原因是由于她有梦想更有行动。在整个过程中，她始终坚持努力，为自己寻找机会，而她的行动也加快了梦想的实现。再回头看看西尔维亚，她就不一样了，虽然她也有梦想和渴望，可是却始终没有为此努力过。即便家人为她提供了最好的条件，她也只能让这一切成为空想。

如果说成功是100％的话，那么之前的想法、计划，包括所有的能力、技能的储备就是99％，而最后的1％就是行动。虽然行动非常简单，可若是没有最后这1％，那么之前的99％都是毫无意义的，不过是水中月镜中花而已。就好像诸葛亮借东风一样，之前所有的准备都做好了，若是没有东风刮起，即便准备得再充分，计划再周详，那么所有的准备都会是白白浪费力气。就好像你的赛车加满了油，弄清了前进的方向和线路，若是不把车开动起来，并保持足够的动力，那么之前所有的一切都是白费功夫。

想法和计划只是成功的前提，而行动才是成功的真谛。不要怪自己的运气不好，行动就是力量，可以帮助我们改变命运。也不要说没人给你机会，即刻行动，你才能发现和抓住机会。

行动起来吧！抓住每一次机会，付出辛勤的汗水，用行动来支撑我们的梦想。唯有如此，我们才会拥有美好的未来，不致于让梦想变成一个永不能实现的童话。

4.有些事，只要做了，就没有想象中那么难

一个女孩，时常在年初时信誓旦旦地写下一年的计划，包括到哪里旅游，读几本书，减多少斤肉，工作如何突破等等。可等到年底时才发现，她的这些计划几乎没有一件完成。

当有人提出"为什么"的时候，她总是急忙解释："我也想按计划完成，可是有些事情太难了。就拿减肥来说吧，又要节食又要运动，可我却是一个典型的吃货，怎么能控制自己呢？还有读书，我每天上班已经够累了，下班到家之后通常都已经七八点了，哪还有精力和时间读书啊！"

通常她最后还要加上一句："不是我不想做，而是太难了！"

然而仔细想一想，这些事情真的有那么难吗？其实未必。实际上，很多事情，只要我们做了，并且认真地做了，就会发现原来它并没有想象中的那样难。那么，为什么很多人会觉得难呢？

那是因为这只是这些人的一个借口而已，因为他们不想去做，所以才找了这个借口，在企图说服别人的同时，说服自己和原谅自己的不行动和懒惰。之前的那个女孩便是如此，虽然她信誓旦旦地做了计划，可是等到行动的时候，就因为懒惰或是其他原因而退缩了。面对别人的询问，她只能想办法找理由来掩盖自己，推卸责任。

当然，很多人觉得某些事情难，还有一个重要的原因，那就是他们只是习惯在想象中把问题复杂化。比如他们打算去旅行，可还没有行动便考虑"这次旅行会不会遇到危险？要是遇到危险我应该怎么

办？""当地的气候怎样，我是否能够适应？""我独自一人会不会孤独？"等等。

于是，在幻想中，问题变得越来越复杂，旅行变得越来越困难，这些人的恐惧心理也就越来越强烈，最后只能因为"一个人旅行太难了"而放弃。

但实际上，当他们开始迈出家门，踏上旅行的路途之后，才发现那些困扰许久的问题和困难根本就不算什么，甚至根本就不存在。而一个人的旅行则是欣赏美景、放松心情的最好选择。虽然气候有些糟糕，但好在自己带足了衣物；尽管一个人独处有些孤单，但却非常惬意。至于安全问题，那就更加不存在了。

所以，让事情变难的，不是其他人和东西，而是他们自己。因为他们口口声声说着要去做某件事情，却因为胡思乱想而越来越恐惧；因为他们找各种各样的理由迟迟不肯努力，所以让行动变得越来越困难。于是，他们失去了行动的勇气和意识，热情与生命力就这样在过多的思虑中逐渐被消灭殆尽。

说到这里，我想起一个很久以前听到的故事：

一个旅行者在一片原始森林迷了路，眼看夜幕即将降临，黑暗和危险步步逼近——稍不小心，自己就可能陷入无底的沼泽，旅行者内心越来越恐惧，不敢再前进一步，可是他也知道，待在原地并不安全，因为这里危机四伏，说不定哪一个树木的背后就藏着饥饿的野兽，哪一处草丛中就埋伏着剧毒的眼镜蛇。

就在这时，这位旅行者发现前方不远处闪烁着微弱的星光，他加快步伐赶路，终于来到这星光之处，原来这星光是另一位旅行者点起的篝火，旅行者欢呼雀跃，急忙赶上前去与对方搭话。对方非常和善，与他分享了仅剩的食物，并且同意与他结伴同行。

可这时，旅行者却惊呼道："我们为什么要急着赶路，难道就不能在此过夜，等到天亮再赶路吗？"

另一位旅行者说："你知道这里有多危险吗？周围不知道潜伏着多少野兽与毒蛇。"

他辩驳说："我们不是有篝火吗？它可以驱赶野兽。"

对方苦笑着说："你太天真了！事实上，这篝火并不能起太大作用。若是有野兽突然袭击，我们根本无处可逃。"

他停顿了一下，继续说："可是我们迷路了，况且天越来越晚，路越来越难走，我们说不定会跌入深坑，甚至陷入无底深渊。想要在今晚走出深林，简直是太难了。"

对方鼓励他说道："不尝试一下，怎么知道没有可能呢？在独自一人的情况，我们都坚持了下来，现在有彼此作伴，难道还怕走不出这深林吗？"

就这样，在恢复体力之后，两人互相搀扶着、摸索着前进。一路上，旅行者被迷茫和恐惧支配着，可是有了同伴的鼓励和支持，他始终没有让自己陷入绝望。终于，经过一番艰苦的跋涉，他们来到一块儿空地，发现了天空中的北斗星，而这让他们辨明方向，找到了走出深林的道路。

可见，很多时候我们之所以不敢行动，就是因为对于某些事情和某些问题过于恐惧。因为害怕失败，所以我们在脑海里预设各种各样不好的结局，于是就更加不敢去做了；因为迷失在恐惧之中，所以无法让内心平静下来，以至于失去了最基本的判断力。

可是，解决问题的唯一办法就是立即行动，勇敢地尝试、摸索。走向成功的唯一办法就是赶紧行动，勇敢去做自己想要做的事情。虽然在这个过程中，我们可能会遇到困难和挫折，可是当我们凭借自己的力量去探索和尝试的时候，就会发现，原来事情并没有想象中那么难，也并不像我们预料中的那样无法做到。

大多时候，我们不是做不到，而是没有去做，在还没有开始做的时候就找各种理由让自己放弃，与其说某件事情"太难做了"，不如说我们自己在头脑中设想了太多困难，然后让这些困难阻碍了自己前进的步伐。

当我们觉得某件事情太难时，不妨对自己说：不要被自己吓住，更不要失去尝试的勇气。只要我们开始并尽力去做，那么任何问题都会迎刃而解。即便是失败了又怎样，只要去做了，那就是一次美妙的体验，就是一个很好的收获。

5.你白日做梦的时候，总有人在默默地努力

最近微博、微信流行这样一个活动，确切说是转发一个表情包——"转发这条锦鲤，便心想事成""转发这条锦鲤，便可以发大财"。开始这只是某些人口头的段子，可慢慢地便成为了全民的娱乐活动。

随着时间的推移和事件的发展，越来越多的"锦鲤"出现：

没有太多才华和能力，却能在某综艺节目成功出道，战胜一个个对手的杨超越，成为了幸运的锦鲤；

在T台上惊天一摔，却依旧能够登上维密舞台，并且当上品牌大使的奚梦瑶，成为了事业的锦鲤；

在支付宝抽奖活动中，获得超值免单大礼的信小呆，成为了财富的锦鲤；

……

于是，转发锦鲤的活动愈演愈烈，越来越多的人都在努力地转发锦鲤。其实，从某种角度来说，这只是人们解压、娱乐的方式，不过是在竞争激烈的社会中寻求自我安慰而已。

可是，很多人却沉迷其中，并且坚信"转发锦鲤"便可以让自己像那些"幸运儿"一样事业有成、一夜暴富。于是这些人在最该努力的年纪，却做起了白日梦或是妄想通过买彩票一夜暴富，或是妄想通过选秀一夜成名，更有甚者开始幻想"要是我能有如此运气，那么下半辈子是不是就不用工作了……"

　　有人说，穷人的世界里有三大愿望：一是某天有个极其有钱的亲戚去世了，而他自己成为巨额遗产的继承人，顿时间，他从一穷二白的穷小子，摇身一变成为了一位超级富翁；二是某天突然灵感一来，买了一张彩票，然后中了超级大奖，顿时间，他成为了百万富翁，甚至是千万富翁；三是他走在路上，不小心捡到一个皮包，然后皮包的主人是位超级富翁，为了感谢他的拾金不昧，奖励他巨额奖金。

　　转发锦鲤的人和那三种穷人的思想是非常相似的，虽然明知道这是白日梦，可是却幻想着：要是这样的梦真的成真了，我岂不是改变命运了。于是，这样的人总是做着梦，幻想着自己终有一天也成为别人羡慕的"锦鲤"。

　　这还不是最可怕的，毕竟人人都喜欢做梦。最可怕的是，有的人沉浸在这白日梦之中，并且错把白日梦当成是梦想，然后永远在梦里头想象着自己发财、事业有成。

　　我们应该明白，做白日梦永远也无法让我们成功，转发什么锦鲤也永远无法让我们变得好运。我们大多数人都是普通人，家境普通、生活普通，几乎没有什么极好的运气。与其羡慕别人"躺赢"的人生，不如努力地做好自己的事情；与其做着不切实际的白日梦，不如脚踏实地的生活。

　　正如古人告诫我们的，"事虽小，不为不成；路虽近，不行不达。"你以为别人是"躺赢"，实际上任何人的成功都不会是用"幸运"一词就能概括的，任何人的幸运也不会是什么天上掉馅饼。很多时候，他们付出了很多努力和行动，只是你没有看见罢了。

　　在某本杂志上看到这样一个故事：

　　很久之前，金盏花是没有白色的，只有金色、棕色、黄色、红色等。一家园艺所研究了很久也没有培育出纯白的金盏花，为此他们向社会大众求助，并且贴出这样的启示：若是有人能拿出纯白色的金盏花，便可以获得高额的奖金。

这个奖金数额非常庞大，对于很多人来说，简直就是一笔巨款。很多人看到这个启事后，就兴奋地想："要是我能够得到这笔钱就好了！""只要找到一盆花，我就可以获得巨额奖金，实在是太好了！"

可是很多人只是想想罢了，因为他们根本不知道哪里有这种珍稀的花。有些人也开始跃跃欲试，或是跑了几家花卉培育基地，或是尝试着自己培育，可失败之后，这些人都放弃了，甚至抱怨说："这个园艺所是不是骗人，这个世界上根本没有什么纯白色的金盏花……"或是说："这也太难了吧！谁愿意去找，谁就去找吧！"

慢慢地，所有人都放弃了，就连园艺所都已经不抱任何希望了。可是，几年后的一天，这所园艺所竟然收到了一封信，信里还有一粒纯白金盏花的种子。原来，从看到那则启事开始，一位老妇人就开始尝试培育纯白金盏花。经过年复一年、日复一日的实验，她终于成功地得到了一朵纯白金盏花。

而这位老妇人也理所应当地获得了巨额奖金，成为人人羡慕的"幸运儿"。可我们都知道，这个幸运的老妇人仅仅是因为幸运而获得奖金吗？当然不是，为了获得这朵珍贵的纯白金盏花，她付出了几年的努力和辛苦，一次次地尝试，一次次不断挑选和精心培育。

当别人做着白日梦，幻想能够通过幸运获得巨额奖金的时候，老妇人默默地种下了花种；当别人抱怨"这件事情太难了，根本不可能做到"的时候，老妇人坚持着春种秋收；当所有人已经淡忘这件事情的时候，老妇人依旧挑挑选选，最终收获了奇迹。

成功从来都不是虚幻的东西，更不是凭借喊口号、凭运气就能得到的。每一个成功的人，都有着不为人知的心酸；每一个幸运者，都付出了你想不到的行动和努力。

所以说，不要总是羡慕别人的成功，也不要总想着"躺赢"。因为你若是做白日梦，那么就只能在梦中发财；你若是光想不做，就只有羡慕别人的份儿，甚至连羡慕别人的资格都没有；你若是整天幻想着天上掉馅饼的虚幻好事，那么人生就只能在浪费中虚度。

你可以转发锦鲤，也可以羡慕别人的幸运。毕竟人有了好的愿望，才能有好的未来。但要记住，它必须依托在行动和努力之上。在该努力的年纪，好好地努力，做自己应该做的事情，自然你便可以得到幸运女神的眷顾。

6.小心你的"想当然"

什么是"想当然"？顾名思义，就是一个人凭借自己的主观臆断，认为事情大概或应该是某个样子。它的核心在于"想"，而不是事件本身，这种想法的特点就是表面上看似合理，往往却不符合实际。很多习惯想当然的人，通常在看到某件事情之后就"胡思乱想"，或是基于个人的主观判断，或是基于过去的经验，一拍脑袋就认定事情是他主观认为的那个样子。

不管是个人判断，还是过去的经验，这样的人都不会花时间去了解真相，更不会动手去探究、揭开真相。正因为如此，他们会陷入主观武断、简单粗暴的陷阱之中，其结果就会犯下不可原谅的错误。

说到这里，你是不是想起一个可悲的故事？这个故事的主人公就因为"想当然"而犯了大错，最后酿成了天大的错误！

这件事情发生在美国的阿拉斯加，一个年轻人的妻子因难产而死，给他留下刚出生的男孩。年轻人既要忙于工作，又要照顾孩子，还需要处理很多很多家务。好在家里有一只聪明而忠实的狗，平时能够协助他照看孩子，比如帮宝宝叼个奶瓶、尿布，避免外人接近宝宝，等等。

有一天，年轻人看到外面阳光正好，便把宝宝抱到庭院中，一起晒晒太阳。温暖的阳光下，年轻人躺在躺椅上看着书，宝宝安详地睡着觉，而忠实的狗则趴在草地上，一家人享受舒适的午后时光。

接下来，年轻人接到一个客户的电话，需要他立即传真一份资料过去。见宝宝睡得正熟，他就没有打扰宝宝，而是对忠犬说："你在这里照看宝宝，我有些事情要处理，千万不要让外人靠近他，知道了吗？"忠犬听了主人的话，"汪汪汪"叫了几声，表示听懂主人的话了。

过了十几分钟后，年轻人听到一阵激烈的狗叫声，他立即从房间冲了出来。只看见那只狗冲着他跑过来，还舔着他的手。正在他不明就里的时候，突然发现狗的嘴角边沾着血迹，而草地上也有不少血迹。

年轻人吓坏了，立即赶过去看宝宝。只见小婴儿床边也满是血迹，宝宝不见了踪影！看着草地上、婴儿床上的血迹，再看看狗嘴边的血迹，年轻人立即想到：这只凶狠的狗，残忍地吃掉了宝宝。一时间，他血气上涌，拿出一把砍刀，把狗杀掉了。

痛失爱子使他悲痛不已，他后悔竟然相信一只凶猛的狗，更觉得对不起早逝的妻子。他踉跄了两步，一下就摔在草地上，坐在那里痛哭不已。

突然，他似乎听到孩子的哭声，开始他以为自己太过于悲伤，出现了幻觉。可慢慢地，他发现这哭声越来越真实、越来越大，于是他立即爬起来，四处寻找。在不远处的草丛中，他发现了宝宝，虽然身上有些血迹，可是并没有受伤。

他立即抱起宝宝，想看看这究竟是怎么回事？于是，年轻人抱着宝宝开始查看那只狗，发现狗受伤了，大腿好像被什么东西咬伤，而从庭院到大门处这段距离，还有一排星星点点的血迹。他走出庭院发现这血迹延伸到远处……

直到这时，他才终于明白过来：有流浪狗想要攻击宝宝，狗狗为了保护宝宝，自己受了伤。为了怕宝宝再受伤，狗狗把他叼到了安全的地方。而他看到血迹、看到宝宝不见了，竟想当然地认为狗狗吃了宝宝，一怒之下杀了它。

这真是最令人心痛的误会！

在生活中，我们很多人可能会像这个年轻人一样，往往会想当然地做一些事情。可是，这是非常害人的，因为想当然是缺少思考的、没有理智的。更重要的是，在做事之前，我们根本就不曾行动过，去了解事情本来的真相，去搞清楚事情的真相究竟是什么，以致于做事太过于轻率，全部凭借自己的主观臆断。

用简单的话来说，想当然是非常不可靠的，它只是我们懒于思考和行动的表现，只会让我们被困于"主观思想""胡思乱想"，从而陷入思想的误区。这不仅对于事情毫无帮助，还会让我们错上加错。所以，一位法律界的名人曾经告诫人们："千万不要想当然，否则只能是弄巧成拙！"

美国著名演说家亚历山德拉·斯托达德曾经讲述过自己的亲身经历：

很多年以前，斯托达德的助手为他安排了一场关于"色彩"的讲座，并且需要他前往加利福尼亚。斯托达德欣然接受了，并且在出发前做了很多准备，以便让自己的演讲更加精彩。

可等他到达目的地之后，才发现自己需要演讲的主题并不是"色彩"，而是"一起美丽地生活"。这完全是两个方向的主题，一个涉及视觉感受，一个涉及人际关系。在没有准备的情况下，斯托达德根本就无法发挥出最好的水平。

于是，他只能临时查找资料、准备演讲稿。好在，斯托达德经验丰富，且曾经演讲过无数次关于人际关系的主题。虽然台下的观众非常热情，反响热烈，可他自己知道，这次演讲根本没有达到自己应有的水平。

事后，斯托达德询问助手"这是怎么回事？"而助手竟然回答说："您最近出版了关于色彩的新书，所以我以为那个机构希望您能谈谈这个话题。"

这就是典型的想当然！也就是说，助手根本没有和对方沟通，询问演讲的主题，便想当然地判断对方希望斯托达德谈论这个话题。可是，这个助手却错了，并且错的离谱。好在，斯托达德顺利地解决了这个问题，否则就会陷入困境，甚至会影响到声誉。

人们总是容易凭借自己的小聪明"想当然"，以为汽车还有足够的汽油，以为自己能够解决这个问题，以为某件事情非常容易解决，以为别人会帮自己的忙……可恰恰是因为这样的想当然，让我们一再犯错，甚至造成不可挽回的损失。

甚至，很多时候，很多事情根本不像我们想的那样，一旦只是想当然就会颠倒是非，做了错误的决定。而且很多事情，表面上看似很容易，可真正做起来，却远远不是那么回事；很多事情，看起来很难，简直想象不出应该怎么开始，可真正做起来，反而并没有那么难。

所以，千万不要再想当然，更不要凭借想当然而做事。不管做什么事情都要仔细认真，先了解事情的真相，然后再付诸行动；不要自以为是，不要"以为"是什么就做什么。

7.成功不是靠梦想和希望，而是靠努力和实践

每个人都有自己的梦想和愿望，都希望自己的人生能够与众不同。事实上，有些人实现了自己的梦想，有些人也获得了不小的成就。与之相反的，很多人却不能如己所愿，梦想依然是虚无缥缈，成功依然是遥不可及。

随着时间的洗涤，前者的梦想绽放出异样的光彩，人生也越来越丰富多彩；而后者的梦想则渐渐褪色，最终无影无踪，人生也平平淡淡，或是庸碌、或是糟糕。

事实上，梦想与梦想是没有什么区别的，只是具体的内容有所不同而已。有的人的梦想可能是缔造一个属于自己的商业王国，而有的人的梦想则仅仅是成为一位出色的医生、教师。能够让梦想实现的关键，不在于它是太大或是太小，也不在于它是长远的或是近期的。关键在于你是否去努力和行动了。实现梦想，获得成功的那一部分人，仅仅比后者多做了一件事情而已。那就是他们梦想着、希望着能够成功，而真的去做了。而剩下的人则只是梦想着、希望着，却没有实际行动。

小琴是某杂志社新来的实习生，平时谦虚好学，热情开朗，很受同事们的喜欢。一天，她看到编辑主任正在看一本专业书籍，便笑着说："主任，您每天这么忙，还能抽时间看书，真是太值得我们学习了！"

主任笑了笑，说："不管什么时候，提升自己、努力学习都是必

须的，不是有一句话'活到老、学到老'嘛！"

小琴拼命地点头，说："没错没错。我也想看一些专业书籍，提高自己的写作水平和文学素养，然后成为一名出色的编辑，我的梦想就是成为一位出色的编辑。"

主任向来喜欢有上进心、有理想和抱负的新人，看到小琴如此说，感到非常高兴。然后对她说："我办公室和家里都有一些专业书籍，我已经看过了，可以借给你看看，而且我这里还有一些不错的杂志、文章，对于提高你的水平很有帮助，你有时间可以来办公室找我。"

小琴痛快地答应了，并且对主任连连道谢。可是，主任在办公室等了小琴好几天，都没有见到她的人，渐渐地就忘了这件事情。直到有一天，小琴在编辑部的群里说话，说自己知道自己水平还不足，还有很多地方值得提高，希望大家能多教教她一些写作方法与技巧。

主任不禁好奇，忍不住地问道："上次我说借给你书，让你到办公室来找我，你怎么没来呢？"

小琴不好意思地说："我最近比较忙，怕没有时间看书，就没有打扰您。"

主任直接说："每个人每天有24个小时，哪怕一天抽出一个小时安静地读书，对于你也是很有帮助的。"

小琴又说："下班后，我有时会去逛街，有时需要处理其他事情，而且上班这么累，就不愿意看书了。"

主任算是听出来了，小琴虽然嘴上说想要提高自己，可内心根本就不愿意行动。于是，主任语重心长地说："其实，每个人的工作都很忙，空闲时间都不多，可时间要是挤的话，还是能挤出来的。你可以利用睡前的半个小时，或是午休的半个小时，多多学习、练习，更好地提升自己。要不然，你怎么能实现自己的理想呢？如何成为一位出色的编辑？"

小琴还是继续说："我知道实现理想不是简单的事情，可是很多时候我就是看不进去书……"

总之，主任每说一句话，她都能找到理由和借口。最后，主任也就随着她去了。

结果可想而知，小琴根本不可能成为出色的编辑，虽然她梦想着、希望着，还总是向其他人请教提高的方法和技巧，可是始终没有付出努力和行动，又怎么能真的实现梦想呢？

成功不是靠梦想和希望，而是靠努力和实践。若是我们像小琴一样，总是盼着自己能够有好的口才、或是好的文笔，梦想着成为出色的人，却总不情愿付出努力去做，那么只会一无是处。

我们要知道，行动永远比想法更重要，永远能够比天马行空的想法更实际。马云就曾经对人们说："三流的点子加上一流的执行水平，要比一流的点子加上三流的执行水平更重要。"也就是说，不管你的梦想有多远大，你的希望有多美好，若是你只有梦想和希望，却从来不肯努力和行动，那么成功是不会主动来找你的，相反还会弃你而去，投入到别人的怀抱。

回想一下，在过去的那么多年，你有过多少的梦想和愿望，有过多少的希望和盼望？可最终得以实现的又有多少呢？是不是因为空有梦想和希望，导致很多好的想法都付之东流？是不是因为不愿意去做某个计划，导致生活没有任何改善？人生没有任何成就？然后直到现在，依旧后悔不已？

美国有一位叫格兰的成功学家，他就曾经因为空有想法却没有采取任何行动而后悔不已。

　　我们都知道联邦快递，这是美国最大的快递公司，在国际上都拥有较高的知名度。可在联邦快递成立之前，格林就曾经有过成立类似公司的想法。当时他刚刚参加工作不久，每天都需要把文件在限定时间内从美国的一端城市送到另一端城市，这可不是简单、轻松的工作，所以他为此苦恼不已。

　　他曾经无数次幻想，要是能够办这样一个公司——能够帮助人们把重要文件在24小时之内送到任何目的地，那人们不就轻松多了！这样的公司肯定受人们的欢迎！

　　可是这个想法在他脑海中盘旋了好几年，他始终没有采取过任何的行动，直到一个名叫弗列德·史密斯的人创办了联邦快递，并且大获成功，格林才后悔莫及。

　　当然格林也吸取了这次的经验教训，只要有好的想法就立即采取行动，后来他积极地行动和努力，最终也实现了自己的梦想，成为了一名著名的成功学家。对此，他感慨地说："毫无疑问地说，我现在的成功正是不断行动的结果。"

　　所以，请记住，成功不是靠梦想和希望，而是靠努力和实践。多一些行动和努力，便多一些成功和实现梦想的机会。若是你渴望成功，那么就在想与做之间做出选择吧！培养自己行动力，有目的的行动，不犹豫、不懒惰，那么梦想和希望便触手可及。

第二章 梦想家描绘世界，行动者踏遍全球

DIERZHANG

梦想和行动应该是相辅相成的，任何一个人都应该既是梦想家又是行动者。可是，生活中很多人只想成为梦想家，却不愿意做踏踏实实的行动者，结果只能构造一个虚幻的世界。所以，我们应该做一个地地道道的行动者，而不仅仅是一个梦想家。

1.空想者的世界叫做"海市蜃楼"

有一个小伙子，从小就非常聪明，且具有极高的文学才华。他的梦想是成为一位伟大的诗人，所以很早之前就开始文学创作，模仿着浪漫主义诗人写一些缠绵、浪漫的诗歌，并且自诩为"诗人、生活的学生"。

可是人人都看不起他，因为他总是自诩是大诗人，却没有写过一首真正的好诗，这还不算，直到30岁他还一无是处、一无所有，生活和工作被搞得乱七八糟。

他考入了一所不错的大学，可不到一年时间，他就选择退学了，因为他要写诗。

他后来成为了一个邮政所长，如果好好干的话，肯定能有好的前途，可是不到半年，他就辞职了，因为他要写诗。

他还做过很多工作，包括做油漆工、书店营业员、推销员，出海打渔……可是每一份工作都干不长，因为他要写诗。

成为一位大诗人是他梦寐以求的，可尽管脑袋里充满了浪漫的诗句、感伤的文字，可他就是写不出好的诗句。尽管如此，他依旧心心念念地想着写诗，整天游手好闲，无所事事。

后来，他想或许是家乡太过狭窄了，并不适合写诗，也不能激发自己的灵感，所以，他决定离开家乡，到新奥尔良去看看、闯闯，或许这样可以让自己写出好的诗句。

到了新奥尔良，他依旧过着从前的生活，梦想着成为大诗人，想着写出古典浪漫的诗句，脑袋里挤满了各种奇怪的想法，可是结果还是让他失望不已。

直到有一天，他遇到一位功成名就的老作家。见他如此抑郁，老作家说："你为什么非要写浪漫的诗呢？靠凭空想象，又怎么能写出美丽动人的句子，写出缠绵悱恻的故事？你生活在乡下，就应该好好写写自己的家乡，写写那里的人和故事。"

是啊！这位年轻人自诩为"生活的学生"，可是从来没有观察过生活，没有真正体验过生活，又怎么能写出美好的诗句呢？他没有经历过浪漫、爱情，又怎能写出动人的诗句？

听了老作家的话，年轻人回到家乡，开始真正体验生活，然后用心地描绘自己的所见所闻，全力以赴地潜心写作。经过一番努力之后，他终于写出了一本描绘家乡的小说，并且获得了巨大的成功。而他就是威谦·福克纳。

空想者，总是不切实际，认为凭借着想象就可以获得成功。可空想只能让人们越来越远离现实，越来越无法成功。比如威谦·福克纳，想成为一位伟大的诗人，可是却只能凭借着想象来创作。所以，即便他能写出诗句，也只能是胡思乱想的产物，让人感到虚无缥缈。

事实上，现实生活中这样的人实在太多了，他们总是活在幻想的世界里，不是畅想美好的未来，就是畅谈想要过什么样的生活。可仔细观察一下就知道，他们的畅想和畅谈都是脱离实际的，即便是行动了，也不一定能够获得成功。更何况这些人通常是很少行动的，只是一边畅想着一边无所事事。

我们要知道，生活是真实的，我们不能生活得不切实际，活在自己的幻想之中，更不能把所谓的理想变成夸夸其谈。否则，只能为自己构造一个海市蜃楼般的虚幻世界，最后当这个世界如同泡沫般破碎时，自己也就彻底一无所有了。

一个男孩很高很帅，凭借努力考入一所著名大学。男孩非常有理想、有抱负，梦想着成为一位顶尖的建筑师。他为自己描绘了美好的蓝图，说会建造这个世界上最美丽、最雄伟的建筑。每次和别人谈论理想和未来时，男孩总是口若悬河、滔滔不绝，而周围的人也都觉得他是一个很有魅力和理想的人。

大学毕业以后，男孩每天和朋友讲着自己对于未来的憧憬，告诉所有人："等我成为著名的建筑师，我一定为这个城市建造最美丽的建筑，要让它成为这里的新地标。""我要成为世界著名的建筑师，就像贝聿铭一样……"

后来，男孩谈了一个女朋友，两人感情越来越好，男孩依旧给女孩讲着美好的未来，说："等我成为建筑师，我一定为你建造属于自己的房子。院子里种满鲜花，还要养一些小宠物，还有可爱的孩子……""我会带你到世界各地去旅行，我们可以去浪漫的普罗旺斯，去美丽的爱琴海……"

听着这些话，你是不是觉得男孩肯定能有所成就？可是，结果并非如此。他说自己想要成为出色的建筑师，想要进最顶级的建筑事务所。可这哪一件是容易的事情？虽然他有才华，可是没有经验，那些顶级事务所怎么能说进就进？

好不容易，男孩进入一家不错的建筑事务所，成为一位实习建筑师。可他却嫌弃老板大材小用，不给新人机会，又嫌弃工资低、工作累。女朋友劝他脚踏实地，他却振振有词地说："我要做出色的建筑师，怎么能做这样的工作呢？如此一来，我哪一天能实现梦想？"

在接下来的时间内，他变得越来越懈怠，工作期间不是偷懒就是推卸责任，因为他觉得那些工作都是琐碎的小事，根本不需要自己认真处理；后来，他干脆辞职在家，因为他认为在那样的小公司工作就是浪费自己的时间。

当女朋友提出不满的时候，他却理直气壮地说："亲爱的，别生气了。我的理想是成为出色的建筑师，整天做那些不起眼的工作，怎么能实现梦想呢？我辞掉那份工作，就是为了找到更能施展才华的地方。你要相信我，我一定能找到更好的工作。等到我成就梦想的时候，我们就可以幸福地生活在一起了，我会为我们建造美丽而又独特的家，我会带着你到处旅行……"

男孩依旧沉浸在自己的幻想之中，描绘着美好的未来世界。可是我们知道，他这只是自欺欺人罢了。口中描绘的世界再美丽、再绚烂，若是不能脚踏实地，付出真真切切的努力，恐怕只能成为虚幻的"海市蜃楼"。

不管什么时候，空谈理想和抱负，到头来只是枉然。这只是欺骗和迷惑自己，却无法骗过别人的眼睛。所以，想要真正成就梦想，我们就应该避免夸夸其谈，想要实现什么样的理想，就朝着这个方向努力付出，想要过什么样的生活，就按照自己的想法执行，如此生活才不会亏待我们，梦想才会变为现实。

2.思想的宝藏，唯有行动才能开启

我们知道，作家写作需要灵感，有了灵感之后才能创作出真挚感人的文字，才能描绘出一个个传奇的故事。可灵感并非凭空产生，需要激发才能迸发出来，而激发它的就是我们的行动。

一位作家野心勃勃，想要写出伟大的作品。可经过长时间的努力和坚持，他并没有写出任何使人满意的作品，他把自己的不成功归罪于没有灵感，"写作是一项需要灵感的工作，有了灵感，我才能文思泉涌，才能写出像样的东西。"

接着，他又哀怨地说："我真是太不幸了！虽然我冥思苦想，可就是没有灵感，脑袋里时常一片空白，即便有了些许灵感，也是稍瞬即逝。如此一来，我即便有再高的写作兴趣和热忱又能怎样呢？"

听了这位作家的话，另一位作家却不以为然，他说："你是在用'精神力量'来创作吗？显然这种方法是行不通的，更无法让你写出出色的作品。你得行动起来，用行动来激发自己的灵感！"

这位作家迷惑不解，说道："怎样行动？没有灵感，行动了又有什么用？"

另一位作家笑着说："很多时候，我们不能等到灵感来了才去写东西，更不能冥思苦想来'逼'灵感出来。事实上，越是如此，就越适得其反。我写作的秘诀是：先定下心坐好，手中拿一枝铅笔，想到什么就写什么，尽量让自己的手和大脑活动起来，然后让自己心情放松，不需要多久，灵感自然就来了，写起东西来自然文思泉涌了。"

事实确实如此，这位作家事业非常成功，写了很多部畅销书，受到广大读者的欢迎。

同样是作家，一个失败了，一个成功了，什么原因呢？

相信很多人都看出来了，没错，就是因为失败的人总是被动地等待灵感，认为靠自己的冥思苦想就可以激发出灵感。而成功的人却让自己积极地行动起来，一边行动一边激发灵感，最后在动笔中创造了灵感。

灵感从何而来？虽然灵感的出现有些神秘，往往可遇而不可求，可是只要我们采取一些科学的方法便可以激发出创作的灵感。比如，到海边去走走，吹着海风、踏着海浪，没准就能激发出灵感，写出关于海的故事和文章；再比如，像故事中的第二个作家那般，动手先勾勾画画，写写自己想写的话，便可以激发出灵感。

但不管采取什么样的行为，我们都必须行动起来，不能光靠脑袋去想。因为若是这样的话，恐怕想破脑袋也一无所获，还会把自己逼入墙角之中。

事实上，很多作家都是靠行动来激发灵感的，最好的作家是思想者也是行动者。就说海明威吧，他就是最典型的行动者。

海明威小时候非常喜欢空想，脑子中经常蹦出很多想法却不愿意行动。为了教育小海明威，父亲给他讲了一个故事：

有一个人向一位思想家请教："你能够成为伟大的思想家，关键是靠什么？"

思想家回答说："多思多想！"

听思想家如此说，这个人好像恍然大悟，匆匆忙忙地就告辞了。回到家之后，这人躺在床上，望着天花板，一动不动，家人都感到非常奇怪，便询问怎么回事，只听这人说："思想家说成功需要多思多想，我正在思考，不要打扰我。"

在接下来的时间里，这人每天都如此，躺在床上，望着天花板，除了吃饭之外什么事情都不做。家人非常担忧，便跑来找思想家，说："您快去看看我丈夫吧！自从他拜访您之后，每天都是一动不动的，就好像着了魔一样！"

思想家来到这人家中，发现他已经非常消瘦，精神萎靡。这人见思想家到来，便拼命地挣扎着爬起来，问："我每天都拼命地思考，除了吃饭之外不去做其他任何事情，您觉得我离思想家还有多远？"

思想家郑重地问："那这些天你都思考了什么？"

这人说："我想了很多很多东西，脑袋都快要装不下了！"

思想家却摇了摇头，对他说："可是我觉得你脑袋想的全部都是垃圾。"

"垃圾？"这人迷惑地问道。

思想家回答说："没错，你只想却不行动，那么脑袋里只能生产思想垃圾。"

没错，只想不做，创作不了任何有价值的东西，收获的也只能是思想的垃圾。明白了这个道理之后，海明威不再整天空想，而是把想法付诸于行动。后来，他爱上了写作，把自己当做小说的主人公，进行本色创作。他一生行万里路，足迹踏遍了亚、非、欧、美各洲，而这些地方都成为他创作故事的背景，所以他的文字真实、动人，富有感染力。

比如，他曾经跟随一只狩猎队来到非洲，这里的见闻和印象激发了他的灵感，让他创作了《非洲的青山》《乞力马扎罗山的雪》；他以战地记者的身份去过西班牙内战前线，还参加了解放巴黎的战斗，而这些亲身经历则激发他创作了《丧钟为谁而鸣》这部长篇小说……

　　后来海明威还说："没有行动，我有时感觉十分痛苦，简直痛不欲生。"正因为如此，阅读他的作品我们会发现里面的人物从来不会说"我痛苦""我失望"之类的话，而只是说"喝酒去""钓鱼去"吧。

　　可以说，行动激发了海明威的灵感，开启了他思想的宝藏。正因为有了实实在在的行动，他才取得了巨大的成功。试想，若是海明威依旧如小时候那般，认为灵感可以凭借冥思苦想被激发出来，并且等待有了灵感才去创作，那么，恐怕就不会有《老人与海》，他更不会成为影响美国甚至世界几代人的伟大作家。

　　哈伯德告诉我们："思想只是一种潜在的力量，是有待开发的宝藏，而只有行动才是开启力量和财富之门的钥匙。"不管是创作还是做任何事情，我们完全可以先行动起来，行动创造灵感。

　　只要我们行动起来，那么灵感自然就会来临，思想自然就丰富起来，解决问题的方法自然就想到了，而这远比空想和等待好得多！

3.想做就做，不让生活只剩下遗憾

很多人都读过这样一则古文：蜀之鄙有二僧。古文非常简单，讲的是两个和尚想要去南海的故事。虽然如此，这个故事却寓意深刻，旨在告诫我们：只要肯做，困难的事情就会变得异常容易；如果不做的话，那么容易的事情也变得困难起来。同时，若是不能想做就做，整天犹犹豫豫，瞻前顾后，那么只能让自己生活在后悔和遗憾之中。

我们先来熟悉一下这个故事吧！

很久之前，在四川的边境有两个和尚，其中一个很贫穷，一个很富有。

一天，穷和尚对富和尚说："我想到南海去，你看怎么样？"

富和尚吃惊地说："南海距离此地非常遥远，你凭借什么前往呢？"

穷和尚说："只要有一个水瓶、一个饭钵就足够了。"

富和尚更加震惊了，他不可置信地问道："很多年前我就想去南海，买一艘船沿着长江顺流而下，可直到今天我仍没有做到。你就凭借这些东西去南海？这怎么可能？你不要痴人说梦了！"

可穷和尚并不在乎这些，拿着一个水瓶、一个饭钵就出发了。第二年，富和尚又见到了穷和尚，问道："你去南海了吗？"穷和尚说："我刚刚从南海回来。"

富和尚听了这话，露出惭愧的神色。

四川距离南海，不知道有几千里远，富和尚和穷和尚都想去，可最终只有穷和尚实现了。这说明一个简单的道理，光说不动是达不到目的的。不管你是贫穷还是富有，不管你是聪明还是愚笨，想做就去做，大胆地开始行动，才会产生结果。

事实上，生活中有很多富和尚那样的人，却很少有像穷和尚那样的人。很多时候我们心动了，想要去做喜欢的事情，比如说旅行、换工作、追求某个女孩子，可始终顾虑重重，担心不成功，顾虑没有钱，所以迟迟没有行动，最终只能在生命中留下一个又一个的遗憾。

认识的一位阿姨便是如此。大学的时候，她时常对同学们说："我好想去旅行啊！即便是到临近的城市，来一次说走就走的旅行，也可以潇洒快乐一番啊！可是我现在没有钱，等到毕业找到工作之后再说吧！到那时，我一定要玩个痛快！"

终于毕业了，她找到一份不错的工作。她时常对同事们说："我好想去旅行啊！一个人到处去走走，这一定非常惬意！可是，我现在刚开始上班，不能随便请假，还是等工作稳定之后再说吧！"

又过了几年，工作步入了正轨。她也开始忙着找男朋友、结婚、生孩子，她时常和丈夫说："我好想去旅行啊！生活压力太大了，我想一个人放松放松心情，可是现在孩子这么小，我根本走不开，还是等以后再说吧！"

一晃眼，她已经四十多岁了，生活越来越美满，孩子也逐渐长大，按理说，她可以安心地去旅行了，可是她却对旁人说："我好想去旅行啊！可是丈夫每天忙于工作，孩子也离不开我，我实在不放心他们两人在家，还是等到退休之后再说吧！"

终于等到退休了，她有大把大把的时间，孩子也成家立业了，她终于可以去旅行了，可是由于长时间的劳累，这位阿姨的身体变得非常不好，结果想旅游却去不了了。最后她只能说："我一直想去旅行，可是始终没有去成，这可以说是我人生的一大遗憾！要是能够重来一次的话，我肯定不想那么多，来一次说走就走的旅行！"

旅行真的那么难吗？其实并不是。这位阿姨心心念念着想去旅行，可是却总是被各种无奈的事情所牵绊，做不了自己喜欢的事情。

然而，生活真的那么多牵绊吗？事实上，牵绊她的不是那些事情，而是她自己的内心。只要她没有那么多顾虑，想做就做，自然就不会有最后的遗憾。即便上学时没有钱，她也可以选择穷游，一边打工一边把美好景色看遍；即便工作忙没时间，她也可以趁着节假日到周边走走，只要肯迈出脚步、放松心情，自然可以经历美好。

很多时候，我们的想法没有实现，想做的事情没有做成，并非是因为我们没有能力，也不是因为金钱、时间的问题，而是我们没有想做就马上去做的魄力和行动力。

所以，想做就大胆地去做，做自己喜欢的事情，做自己想做的事情。哪怕这是一种执念，哪怕只是为了圆儿时的一个梦想，也要立即行动起来。这样一来，我们的生活才能多一些精彩，少一些遗憾。

4.你和梦想之间，只差一个积极的行动

要想梦想照进现实，就必须有足够的行动力，这二者是相辅相成的，缺一不可。正如李彦宏所说："一个人想要成功，想要改变命运，有梦想是重要的……我觉得每个人都应该心中有梦，有胸怀祖国的大志向，找到自己的梦想，认准了就去做，不跟风、不动摇，才会最终实现梦想。"

在人生这条道路上，虽然我们不一定需要成大名、立大功，但是只要确定了目标，然后主动去追求，坚持不懈地沿着目标走下去，才能梦想成真。

其实，追求梦想本身就是非常快乐和幸福的事情，所以那些不甘平凡的人，总是对梦想充满了热爱和激情，确定方向之后便义无反顾地向着目标挺进。因为他们坚信，只要自己主动出击，去追求、去努力，那么早晚有成功的那一天。

一个男孩从小就不聪明，笨拙木讷，人们都嘲笑他，还给他取了一个外号"木头男孩"。很长一段时间内，男孩都生活在自卑之下，做事畏畏缩缩，不敢表现自己，也不敢与人交流。因此在所有人看来，他一生恐怕都会如此平庸、笨拙。

可12岁时的一个梦却改变了这个笨拙的男孩，也让人们见识了梦想的力量。一天，男孩做了一个美梦，梦到有个国王给他颁奖，因为他的作品被诺贝尔看上了。男孩当然知道诺贝尔是谁，他不知道自己为什么做这样的梦，也不敢把这个梦告诉给别人，因为他担心遭到别

人的嘲笑。

最后，他还是忍不住把这个梦告诉了妈妈，妈妈和蔼地说："倘若这真是你的梦，那么将来你肯定会有出息！因为老人都说过这样一句话'当上帝把一个不可能的梦，放在谁的心中时，就是真心想帮助谁完成的。'"

男孩这才明白：原来自己的梦竟然是上帝的希望！为了不辜负上帝的希望，他决定成为一名作家，并且真的爱上了写作。从那时起，他总是利用业余时间写些东西，写一些有趣的事情、自己的感受等等。他怀着梦想开始努力，并且时刻对自己说："如果我坚持下去，经受住考验，上帝会帮我实现梦想的。"

可是，他努力了一年又一年，写了一篇又一篇的文章，上帝始终都没有到来。令所有人没有想到的是，希特勒却来了，并且把他送入了可怕的集中营，在那里，关押着无数像他一样的犹太人，每天都有大批大批人失去生命。好在他顽强地活了下来，走出了恐怖的集中营。

虽然经历了劫难，可他依旧没有忘却自己的梦想，之后他开始新的生活，又怀着"我又可以从事我梦想的职业了"的心情开始写作。终于，他创作出第一部小说《无法选择的命运》，描写的是他在集中营的生活和经历。在之后的日子里，他始终坚持创作，追求自己的梦想，又写出多部中长篇小说，以及散文、日记。

就在他不再关心上帝是否会帮助他时，上帝真的来临了。2002年，瑞典皇家文学院宣布他获得了诺贝尔文学奖，他真的如梦中梦到一样"被诺贝尔看上了"！而在谈及获奖感受时，他感慨地说："没有什么感受可言！我只知道，当你说，我就喜欢做这件事，不管有多困难，我都不在乎，我都义无反顾地去做。这时，上帝就会抽出身来帮助你。"

他就是匈牙利作家凯尔泰斯·伊姆雷。

小时候笨拙木讷的伊姆雷能取得这样的成就，是因为他做了"被诺布尔看中"的美梦之后，就开始积极主动地去追求、努力去实现这个梦。在这个过程中，他经历了挫折、磨难，可却始终没有放弃梦想，不断践行着当初的想法和目标。就是因为如此，他的梦想真的照进了现实，让他的人生充满了传奇。

所以，敢行动，梦想才生动；积极主动，梦想才更真实；而不放弃，坚持不懈，梦想才能实现。很多时候，我们和梦想之间，就差一个积极的、彻底的行动，如果缺少了行动这个发动机，那么梦想即便再美好，也将难以实现。

或许有一段时间，我们会做与梦想无关的事情，或许会被迫中断梦想，但是只要我们从未想过放弃，只要时机一到，就立即付出自己的努力，为梦想付出所有的一切，那么我们的行动就会获得意想不到的回报。

说到此，想起另一个关于梦想的故事：

一个小男孩在考试中得了第一名，老师奖励给他一张世界地图。小男孩高兴坏了，因为他时常听老师讲世界各地的情况，对于这个世界充满了好奇，有了这张地图他就可以详细地了解哪个国家在哪里，距离自己的国家有多远。

当天，男孩回到家之后，就立即拿着地图看了起来，甚至在为家人烧洗澡水时都不舍得放下。当他看到埃及的时候，心中异常地兴奋，因为老师刚刚讲过埃及，说那里有金字塔，有艳后，有尼罗河，还有很多很多神秘的传说故事。他心想："长大之后，我一定要到埃及去看看！"

男孩看得太入迷了，竟忘记给火炉添柴火。突然爸爸从浴室中冲出来，大声地喊道："你在做什么？火都熄灭了，水变得冰凉！"他赶紧解释道："我正在看地图，听老师说埃及……"

话还没有说完，爸爸就打断了他，还打了他一巴掌，然后怒气冲冲地说："什么埃及？赶紧生火，即便那地方再好，你这辈子也不可能到那个地方！不要再胡思乱想了！"

男孩惊呆了，他不服气地想："为什么爸爸会这样说？他怎么知道我这辈子就到不了埃及？我一定要到埃及去，证明爸爸的说法是错误的。"在之后的日子里，男孩心里十分坚定地知道：我的梦想就是有一天要到埃及。

那个时候，交通不便利，旅行观光还没有开放，所以出国是非常困难的，就更不要说到遥远的埃及了。可这些都没有让男孩放弃，他一直在为这一切默默地努力着。

在20年后的一天，他终于实现了自己的梦想，来到了埃及，见到了金字塔、尼罗河。在金字塔前，他买了一张明信片，给爸爸写了这样一封信：

亲爱的爸爸，我现在在埃及的金字塔前面给你写信。我记得您曾经说过，我永远也到不了埃及，现在我就坐在这里给您写信。当然我也非常感谢您，就是您那句话让我燃起了梦想，并且积极努力地追求梦想。也正是因为如此，这20年来我过得非常充实，内心从来没有迷茫过。

由此可见，在一个人的生命中，梦想是非常重要的，它会让我们的人生更充实，会让我们充满激情和力量。但是，若是不去主动地追求它，轻易就放弃的话，那么梦想永远只是一个梦，永远也不会有实现的那一天。

　　罗伯·舒乐就曾经说过这样的话："有了崇高的梦想，只要矢志不渝地追求，梦想就会成为现实，奋斗就会变成壮举，生命就会创造奇迹。"主动去为梦想付出吧，这一切最终会让我们收获幸福的果实。

5.不努力还什么都想要，你凭什么？

很多时候，我们会羡慕别人事业的成功，有体面的工作，丰厚的薪资；羡慕别人学习成绩优秀，是老师同学夸奖的"学霸"；羡慕别人可以时常出入高级场所，喝最贵的咖啡，背昂贵的包包，有时间还可以到世界各地去旅行……

但是，我们却忘记了，别人享受的一切都是自己通过努力拼搏而得来的，并不是从天上掉下来的。即便是富二代，他们所享受的一切也是父辈辛辛苦苦打拼而获得的。所以，我们想要得到所有想要的，就要努力去追求，拼命地去付出。只有努力了，才会离自己想要的更近一步。

马克原本有一个幸福的家庭，虽然不算太富裕，但一家人非常幸福，父母对他更是疼爱有加。可天有不测风云，人有旦夕祸福。在他10岁那年，一场车祸意外夺去了父母的生命，只剩下他孤零零的一个人。亲戚不愿意收留他，债主也变卖了父母的所有财产，他无家可归，只能被送入福利院。

很快，马克成年了，离开了福利院。由于学业被耽误，他只能通过外出打工，努力使自己过上更好的生活。一天，他来到一个工地，这里正在建造一座摩天大楼，一位衣着华丽的建筑商正在与工头讨论着什么。突然，马克有一个疯狂的念头——我将来一定要成为那样成功的人，过上富有幸福的生活。

于是，他大胆地走向建筑商，自信地问道："我想成为你这样的人，拥有成功的事业和数不清的财富。请问，我应该怎么做？"

　　建筑商和包工头停止了交谈，静静地瞪着他好半天，然后郑重地问道："你为什么想要成为我这样的人？"

　　马克说出了自己的故事，然后坚定地说："我不想成为穷人，不想再受别人的欺负和白眼！我要成功，像以前一样拥有幸福的家庭，给今后的妻子和孩子一个好的环境。"

　　建筑商听了之后点点头，然后又问道："你的想法非常坚定吗？"

　　他使劲地点点头，回答说："是的！"

　　"那好，我给你讲个故事吧！"建筑商笑笑说，"有这样两个人，他们一起去开沟渠，一个挂着铲了说，'我一定要成为老板，不再做这样辛苦的工作。'可工作时，他却总是抱怨工作辛苦、工资低，时常偷懒耍滑。第二个人什么也没有说，只是低头挖沟，不嫌苦也不嫌累。许多年过去了，第一个人依旧在工地上干活，每天挂着铲子，一边说要成为老板，一边却抱怨连连。而第二个人呢？他成为了一家建筑公司的老板，事业有成，过得春风得意……"

　　建筑商还没有说完，马克便激动地说："我要做第二个人，而且我知道您一定是第二个人，是吗？"

　　建筑商哈哈大笑说："你很聪明，我就是第二个人。孩子，你要记住，想要什么样的生活，你就必须付出什么样的努力，而不能只是说说，却不埋头苦干。"

　　马克问道："低头干活就能成功吗？"

　　"没错。"建筑商继续说，"你看，那边的工地有很多建筑工人，他们都在做同样的工作，可是每个人的心态和状态却有所不同。有的人比较努力，可有的人却拼命努力，比任何人都勤劳、更加卖力。你看那个穿着黑衣服的人，虽然我不知道他的名字，可是我却认识他，因为我每次来的时候，都能看到他在辛苦地工作，从来没有一丝懈怠和抱怨。"

"我和包工头了解过，他每天第一个上工，最后一个下班，工作时比任何人都吃苦耐劳。所以，我打算让他升职，当这个工地的监工。我相信他之后会更卖命，然后一步步地走向成功。事实上，当年我就是这样爬上来的，从苦工到监工，再到小工头，再到经理的助手，然后成为了经理。"

"我始终相信，只要一个人卖力工作，表现得比所有人都好，那么就一定能够成功，过上自己想过的生活。后来，我通过十几年的打拼终于积累下人脉和资金，创办了自己的建筑公司，有了今天的成绩。所以，孩子，你想要成为我这样的人，也要付出我这样的努力，懂吗？"

马克点点头，然后真诚地问道："我能来您这里工作吗？我肯定会努力地工作，也定不会辜负您的希望！"

建筑商又哈哈大笑起来，随即答应了马克的要求。之后，马克就在这个工地工作，而他也像自己保证的那样，每天起得早回去得晚，努力地埋头苦干。自然他也成为了这里出色的员工，收入也比其他人高很多。

而挣钱之后，他开始买很多书充实自己，希望把之前耽误的课程都补回来。这让建筑商很感动，帮助他报了成人教育学校。于是，马克白天在工地工作，晚上则到学校学习，经过两年的努力，终于考入一所大学，学习建筑设计。

几年后，马克走出学校，又回到这家建筑公司，成为建筑商最得力的助手。之后，他实现了自己的梦想，成为了现实中的成功人士。

我们每个人都想要很多，成功、财富、事业等等，可是并不是每个人都能得到自己想要的。有些人像文中的马克、建筑商，以及那个拼命工作的工人一样，有着美好的梦想，想要获得成功，可是却受不起一丁点儿的辛苦，不肯付出更多的努力。结果呢？只能是什么也得不到。

是吧！什么都想要，自己却不肯努力，吝惜自己的双手和汗水，那么你又凭什么能够得到成功呢？

你想要成为学霸，考入理想中的学校，却不肯努力，睡得比别人早，起得比别人晚，天赋还没有别人高，你又凭什么能够成为学霸，考入好的学校？

你想要升职加薪，事业有成，走向人生的巅峰，可是面对职场的激烈竞争，你总是想要偷懒耍滑，能少干一些就少干一些，能逃避工作就逃避工作，就连偶然的加班都抱怨连连，你又凭什么觉得自己就能赢得老板的青睐，获得升职加薪的机会？

你想要获得大笔的财富，羡慕那些拥有家财万贯的富二代，羡慕那些有大权在握的幸运儿，可是就连那些"富二代""幸运儿"都努力工作，拼命地提升自己，你却整天无所事事，坐等着"馅儿饼从天上掉下来"的美事，你又凭什么能够成为有钱人？

不努力，你什么也得不到！别人得到了那么多，是因为付出了那么多，这是最简单的道理。所以，你想要什么样的生活，就要努力自己去争取！每天都在抱怨别人怎么得到了这个，拥有了那个，自己不努力还什么都想要，那只能是白日做梦。

想要获得更多的果实，就必须让自己的努力配得上它才行，仅此而已！

6.做梦是最消磨时间的毒药

每个人都有无数次能改变自己命运的机会，关键在于你是否抓住了机会。如果一个人总是想要改变命运，却没有抓紧时间行动，那么就会白白浪费时间，在不知不觉变老的同时还会一无所获。

事实上，生活中那些失败者都有一个共同点，那就是他们都渴望改变自己的命运，却懒惰得连自己应该做的事情都不愿意去做，连摆在眼前的机会都不愿意去抓住，就更别提什么主动去寻找机会、挑战困难了。他们脑袋里想着我要成功，我要改变自己的命运，我要做什么什么事情，我要如何如何做……可是这些似乎都只是想想而已、说说罢了。

最为可悲的是，直到最后他们都没有意识到自己为什么不成功，别人为什么能出人头地，一个个获得美好的生活，而自己却混得那么惨。

有这样两个二十多岁的年轻人约翰和杰克，一起从家乡来到繁华大都市打工。两人在火车上相遇了，年龄相仿、志趣相投，非常谈得来。约翰说："希望有一天，我能够闯出一片天地，成为地道的有钱人。"

杰克附和着说："我也是这样想的。家人希望我能够在家乡找个普通的工作，安安稳稳地过日子，可是我不想成为一个普通人，我想做出一番事业，让所有人刮目相看。"

约翰踌躇地说："可是我们做什么呢？这个城市这么大，我们又是初来乍到，能找到适合自己的工作吗？能够在这个城市里立脚吗？"

杰克安慰说："怎么会找不到工作！你看这里这么多公司，哪一个公司不需要招聘人手？就算从最简单的事情做起，只要肯努力，也可以有出头的机会！"接下来，两人便开始憧憬着美好的未来。

很快火车到站了，两人相约结伴而行，决定找一个地方吃饭。他们找到一家快餐店，店面虽然不大，生意却非常火爆，点餐台前排着长长的队伍。吃饭的时候，杰克灵机一动，说："你看，快餐店的生意这么火爆，我们也可以做快餐生意啊！"

约翰也觉得这个主意不错，说："是的，现在快餐店生意很好做，一旦做起来的话，肯定能赚好多钱。"可他沉思了一会儿，接着说："可是我们哪有那么多本钱啊？这又需要店面，又需要厨师，这些我们根本没有钱做！"

杰克说："我们可以先从打工做起，慢慢地学习经验和积累资金，相信用不了多长时间就可以开一家属于自己的快餐店。"约翰一拍大腿说："嗯，这是不错的办法，我也打算做快餐生意了！"

两人分道扬镳后，杰克立即在一家快餐店找了一份工作，在这期间他努力工作，积极吸取经验，还时常向老板请教，如何能找合适的门店，如何确定客户的口味等等。一年之后，杰克用自己赚的钱买了一台快餐车，选择一个写字楼林立的广场开始做自己的快餐生意。虽然每天非常辛苦，可是杰克却甘之如饴，因为他知道只有付出努力和辛苦，自己才能拥有一家真正的快餐店。

两年后，杰克赚够了足够的钱，快餐车也在附近打出了名声。他就在周围找了个不错的店铺，把所有的钱都投了进去，真正做起了快餐店老板。他执着而认真，确保食物的品质和卫生，确保价格公平又合理，所以生意非常火爆。

　　又过了两年，杰克开了两家连锁店，可以说是事业小有成就。这一天，他走在半路上，听到一个人和自己打招呼："杰克，好久不见。"只见一个非常落魄的人站在自己面前，面容消瘦、衣衫破旧，杰克看了好半天才认出这人就是当年和自己有过一面之缘的约翰。只是，约翰为什么如此落魄？

　　寒暄过后，杰克不解地问："约翰，你为什么会弄成这样？这些年你都做了什么事情？你的快餐店开起来了吗？"

　　约翰不好意思地说："哪里有什么快餐店啊！这些年我一直在打工，却始终找不到适合自己的工作。"

　　杰克问："你不是考虑开快餐店吗？为什么不找类似的工作？"

　　约翰回答说："开始的时候，我确实找了一份这样的工作，可是这工作实在太苦了！我看附近咖啡店的工作轻松简单，便又想要开咖啡店，在一家咖啡店找了工作，可是有些客人实在太难缠了……"

　　从约翰的话中杰克知道，他这几年换了十几种想法，也换了十几种工作，可是哪一种想法和工作都没有坚持太久。最后约翰感慨地说："这几年来，我每时每刻都在考虑我究竟应该做什么呢？"

　　约翰是不是非常可笑？确实如此。究其原因，就是因为他在做梦之中浪费掉了人生的绝大部分时间。

　　千百年来，古人就一直告诫我们，从来没有天上掉馅儿饼的好事。梦想着坐享其成，不费一丝一毫的力量就改变自己的命运，只能是白日做梦。所以，不要只做着成功和发财的梦，却不愿意努力，或是遇到了一点点问题和挫折就放弃。这样一来，你只能消磨掉自己的大把时间，错过一次又一次的机会。

　　想要改变命运，你就应该付出努力，抓住眼前的机会。否则，到最后，成功的故事都是别人的，而你只是空做梦一场的失败者。

7.不是"想要做好"，而是"一定要做好"

拿破仑说："想得好是聪明，计划得好更聪明，做得好是最聪明又最好。"想，是很简单的事情，可做却并不是那么容易。所以很多人往往都是"想要做好"某件事情，却通常不一定能真正做好。很大一部分原因就是，他们的信心不够坚定，付出的努力不够多。

事实上，若是能够把"我想要做好"的心态，变为"我一定要做好"的信心，并且付出全部的努力，不给自己留任何余地，那么结果就会是另外一个样子。

切默季尔是一个普通的女人，一家人生活在肯尼亚偏远的山区，丈夫是最普通的农民，除了种地什么也不会。由于条件有限，家境贫寒，切默季尔和丈夫只能过着贫苦的生活。成人还可以坚持，可是孩子怎么办？难道也让孩子重复自己的人生，做一个普通的农民，一辈子只会种地吗？

显然，切默季尔不愿如此，她想让孩子读书、学习，然后改变贫苦的命运，可拿什么为孩子们交学费呢？

突然她灵机一动：为什么我不练马拉松？我年少的时候，曾经被一名教练看中，说我有极高的跑步天分，只要勤加练习便会取得好的成绩。我若是练了马拉松，取得好的成绩，定会赢得不菲的奖金，这样一来，孩子们的学费问题不就解决了吗？我们一家人不就改变命运了吗？

可众所周知，马拉松是一项极限运动，需要运动员有坚强的意志和优秀的身体素质。此时，切默季尔已经27岁，早已超过最佳年龄，再加上从未受过专业的训练，又怎么能轻易取得好的成绩呢？然而，她并没有退缩，因为她知道这是唯一的机会，若是自己连做梦的勇气都没有，那么永远就失去了改变命运的可能性。

在接下来的日子里，她开始了艰苦的训练：每天天还没亮，她就跑出家门，在崎岖的山路上独自训练。开始的时候，只跑半个小时，她就累得气喘吁吁，双腿就像灌了铅一般沉重，根本迈不开步子。再加上平时营养不良，身体状态并不好，所以训练起来非常吃力。可是，她依旧每天坚持训练。累得喘不过气来，就停下来休息一会儿，缓过气来之后接着再跑。几天下来，她不再像以前那样虚弱无力，可以坚持跑一个小时。之后，她慢慢地加长时间，增加跑步的里程。

在这个过程中，她摔倒过无数次，小腿和膝盖也磕破无数次，脚上磨出了无数的血泡。她也想打退堂鼓，可一想到要让孩子们读书，要改变孩子们的命运，她就顿时坚定了自己的信心。她清楚地知道，自己必须要加强训练，成为一名马拉松运动员。

然而，随着训练强度逐渐增加，她的营养越来越跟不上，身体也越来越吃不消。一天，已经到中午了，她还没有回家，丈夫担心她出什么事就赶紧出门寻找。结果，她因为身体太虚弱，昏倒在了山路上。回到家之后，丈夫说："不要再训练了！否则，你会吃不消的！"孩子们也哭着说："妈妈，不要再跑了，我们不上学了！"

可第二天凌晨，她又跑出了家门，继续在山路上训练。经过近一年的艰苦训练，切默季尔第一次参加了马拉松比赛，结果取得了第七名的好成绩，这让全家人看到了希望，也让她更加坚定信心。一位经验丰富的教练知晓她的事迹后，被她的执着精神深深感动，自愿给她做专业指导。有了教练的指导，她更是充满激情，成绩也突飞猛进。

终于，切默季尔迎来了展现自己的机会，在内罗毕国际马拉松比赛上，她一马当先，跑在队伍前列，最后以2小时39分零9秒的成绩获得第一名。那一刻，她激动万分，趴在赛道上泪流满面，疯狂地亲吻着大地。

所有人都没有想到，她能够成为此次大赛的黑马，获得最后的冠军。就连解说员都震惊无比，手忙脚乱地忙活了好半天才找齐她的资料。

在颁奖仪式上，记者问她："您不是专业选手，而且年龄不占优势。我们想知道，是什么样的力量让您战胜所有人，成为最后的冠军？"

她激动地说："因为我非常渴望那7000英镑的冠军奖金！"此言一出，场下一片哗然，因为没有人说过这样的话。接着，她继续说："我必须要拿到这笔奖金，因为我有4个孩子需要上学。我想要让他们接受更好的教育，希望他们能够改变自己的命运，不再像我们一样只能做贫苦的农民。我一定要取得好成绩，这就是我拼命想要获胜的原因。"

她说完这番话之后，运动场上安静了十几秒钟，最后响起了雷鸣般的掌声。

没错，就像切默季尔自己说得那样，她能够取得冠军，是因为她有一颗必须要夺得冠军获得奖金的心态，而不是仅仅想要获得冠军而已。在这场比赛中，很多人也想要得到冠军，他们在这个过程中也努力了、拼搏了，可是若是体力不支，他们就会产生放弃的念头，或是说"取得第二名、第三名也无所谓"。

"想要"和"一定要"，看似没有什么区别，可是心态上却天壤之别，其结果自然也是相差甚远。事实上，一个毫不坚决的"想要"就已经折掉了你大半的自信，它让你在潜意识里告诉自己很有可能会无法实现；而一个坚定的"一定要"却能够大大激发你的信心，让你拼尽全力地战胜所有不可能。

所以，不管做什么事情，我们都不能简单地"想要做好"，而是告诉自己"一定要做好"，拼尽自己的全部力气去做好。如此一来，我们的行动能力才会有很大的飞跃，甚至发挥出身体里更多的潜能。

8.你是什么样，关键在于你做到什么样

很久之前，有一个叫和默国的地方，地处偏远，非常落后，人们只知道遵从奇怪的邪法。每当有大事需要祭祀或是祈祷之时，人们便大肆杀生，将很多动物作为祭祀品。

一次，和默国国王的母亲得了非常重的病，经过众多国内名医的精心诊治，都没有好转。几年过去后，国王母亲的病依旧非常严重。

于是，国王不得不把希望寄托在婆罗门身上，并且召集将近200位婆罗门。国王真诚地说："尽管我想了很多办法，但我母亲的病情还是没有好转。大家都是非常具有智慧的人，通晓世界万物，不知道大家是否能帮我治好母亲的病？"

其中一部分婆罗门故弄玄虚地对国王说："经我们仔细观察，发现太后的病症是由星座混乱、阴阳不调而导致的。这种现象非常怪异，之前根本没有人听说过，所以即便最出色的名医也无法医治。"

国王立即问道："那么如何才能解决问题呢？"

婆罗门说："国王陛下，我们应该先在郊外找块干净的土地，面向日月星座建造一座祭坛，再用100种牲畜和100个童男来祭天，由您和太后亲自祭拜，方能使得星座归位，阴阳调和。如此一来，太后的病情定会迅速好转。"

国王对于婆罗门的话深信不疑，于是立即建造了祭坛，找来小孩及羊、牛等牲畜，计划杀死他们来祭天，为太后祈福。一时间，惨烈的哀号声和送行者的哭声此起彼伏，场面非常悲惨。

释尊得知这件事后，立即率领一群弟子赶过来，想要阻止这一惨剧的发生，当他们到达都城东门时，正好碰见国王等人。

国王见释尊等人庄严、慈爱，立即燃起恭敬之心，遂下车脱冠、双手合掌长跪，虔诚地望着释尊等人。

释尊问道："国王陛下，您想去哪里呢？"

国王回答说："我的母亲长年患病，经众多名医的诊治都没有任何效果。为了治好母亲的病，我只好向四山五岳祈祷，向星座进行答谢，希望母亲的病情能够尽早好转。"

听完国王这一番话，释尊笑着说："国王陛下，如果想收获谷物，就应该辛勤培植；如果要拥有很多财富，就应该大行布施；如果想延年益寿，就应该有慈悲的言行；如果想拥有智慧，就应该好好研究学问。这就是我们所说的要想得到什么，就得种下什么。如果您种下了慈悲、善良，自然就会收获平安和幸福。所以，与其用杀牲畜和小孩来祭拜神灵祈求福报，还不如多多行善。"

释尊说完这段话以后，立即大放光明，普照天地。国王和众多官员百姓听完，立即明白了其中的道理，无不肯定赞美。而重病的太后想明白这道理后，顿时身心舒畅，病症好转。见此情景，婆罗门们立即忏悔认错，皈依了佛门。

虽然这是一个佛家的故事，却告诉我们一个深刻而又易懂的道理：我们想要幸福快乐，身体健康，就应该多多种植善良，每天保持一颗慈悲之心帮助他人，处处与人为善，久而久之，内心快乐了，身体自然就健康了。不管我们想要什么，都必须要事先种下什么，因为有播种才有收获，有付出才有回报。

人生的道理也莫过于此。一个人在同样的环境下采取不同的行为，就会导致不同的人生状态。也就是说，你将来是什么样，关键在于你现在做到什么样，你现在付出多少的努力和汗水。

如同法国思想家伏尔泰说的："人生来是为行动的，就像火总向上腾，石头总是下落一样。对人来说，若没有行动，也就等于他并不存在。"行动比什么都重要，我们不仅要行动起来，切切实实地做自己想要做的事情，还要把行动贯彻到底，100%地付出努力和汗水，把事情做到极致。

比如，对于真正想要成为富人的人来说，若是想要拥有亿万财富，那么就必须付出亿万的努力。一旦想要偷懒，少做一些，恐怕就会无法达到自己想要的成就。也就是说，满分是100分，若是你只做到80分、90分，甚至是99分，那么也别想做到自己想要的成就。

吴飞在一家广告公司做设计工作，年少轻狂的他，一来到公司便声称"我要成为设计总监"。虽然这话说得有些张狂，但老板却欣赏他的野心和抱负，对他充满期待。吴飞工作非常拼命，把全部身心都投入到了工作之中，积极进取，谦虚好学。功夫不负有心人，三年之后，老板提拔他做了设计部经理。

因为吴飞有野心，并且付出了足够的努力，又过了5年，他成功地坐上设计总监的位置。之后，他拿着丰厚的薪水，受到员工们的信任和尊重。而为了奖励他，老板还专门为他配了专车和高级公寓，使得他的生活品质和事业都有了很大提高。

按理说，吴飞应该更加积极努力，争取再迈向更高的台阶，可是他却满足于目前的成就，不仅对工作的热情一落千丈，还把时间和精力放在享乐之上。他认为：我不可能再有上升的空间了，因为设计总监之后就是总经理、CEO，而这两个职位都由老板的儿子担任，自己怎么可能坐上那样的位置呢？他时常对自己说："我应该满足了，在这家公司里，能够做到设计总监的职位就是达到顶点了。"

　　所以，在近一年的时间内，吴飞不再积极工作，能敷衍就敷衍，一点成绩都没有做出来。朋友善意地提醒他："你应该上进一些，否则位置很可能不保，就更别提什么升职加薪了。"

　　吴飞却不在乎地说："现在公司哪有人适合做设计总监的位置？我的能力摆在这里，之前对于公司的贡献也摆在这里，老板不会把我怎么样的。"

　　可这种想法显然是错误的。老板之前器重他，给予他丰厚的待遇，是因为他工作努力、业绩突出，而面对他现在的状况——没激情、没责任，更没有积极努力的态度，老板怎么能任凭他肆意妄为呢？

　　终于有一天，老板把吴飞叫到办公室，对他提出严厉警告，并且给他两个选择，一是降职为设计部经理，一是主动提交辞职申请书。听了老板的话，吴飞只能呆呆地站在那里，不知道如何是好。

　　很多时候，有些人在取得一定程度的成就之后，便不再想要奋斗。更有甚者，他们好像变成另外一个人，不再努力和奋斗，更没有之前的激情，以至于在原来的位置上毫无作为。可要知道，我们想要获得一定成就，就必须付出足够的努力，如此才能获得应有的回报。同时，若是想要保持目前的成就，或是更进一步，还应该付出同样的努力，甚至更多更多。否则，就会像吴飞一样，转瞬间失去这一切！

　　因此，你想要成为什么样的人，获得什么样的成就，就必须做到什么样，付出与之相匹配的努力和汗水。这就是俗语所说的"一分耕耘，一分收获"，道理虽然浅显，但深意绵长。

第三章 用脑子谋划未来，用双手创造人生

DISANZHANG

　　谋划是根，行动是本，只有思想和行动相互统一，我们才能创造更美好的未来和人生。

　　不管什么时候，我们都不能做思想上的巨人、行动上的矮子，更不能让好的想法和谋划沉积在意识里。不把事情落到实处，你未来谋划得再好，恐怕也只是虚有其表的空壳。

1.人生需要谋划，有目标才有方向

没有人能够否认，目标和行动都是我们成功的必要条件。在行动之前，若是已经确定自己的目标，那么只要在之后的日子朝着这个方向行动，付出努力和时间就可以获得成功。

可生活中总是有这样一些人，他们心中根本没有什么目标，更不知道自己该朝着哪个方向前进，便匆匆忙忙地出发了。结果，这些人只能一边摸索一边前进，延缓了成功的进度，或是在错误的道路上横冲直撞，付出了加倍的努力，却对成功没有任何帮助。

相对来说，目标是非常重要的，当我们心中有了目标，并对这个目标有一定的谋划，那么所有的努力都会变得事半功倍，让我们更容易到达成功的彼岸。可相反的是，若是我们没有目标，没有任何谋划和打算，那么同样的努力，结果却会相差万里。

所以，成功者从来都不是靠运气，他们靠的是自己对于人生的谋划——他们为了此时的成功，私下谋划和准备了无数个日夜。

商业巨头麦考密克有一句深奥的名言："运气是设计的残余物质。"而石油大王约翰·洛克菲勒则给出了精确的解释："这句话是指运气是策划和策略的结果？还是指运气是策划之后剩余的东西呢？我的经验告诉我，这两种意义都存在，换句话说，我们创造自己的运气，我们任何行动都不可能把运气完全消除，运气是策划过程中难以摆脱的福音。"

洛克菲勒小时候的生活非常贫寒，十几岁时就不得不辍学，出来为别人打工。可是，他并不想庸庸碌碌地度过这一生，所以立志要成为一位出色的商人，要拥有很多很多的财富。所以，他从19岁起就开始做小生意，比如倒卖谷物、肉类。

23岁的时候，他已经积累了一笔小财富，当他来到石油城的时候，认为炼油业有很大的发展空间，若是开一家炼油厂的话肯定能赚大钱。于是，他便与人合资开办了一家大炼油厂。经过几年的努力，他的炼油厂成为当时生意最火爆的工厂，业绩远远超过其他同行竞争者。这是因为之前他做了充分准备，详细地进行了实地考察。

31岁的时候，洛克菲勒成立了标准石油公司，就在这时，他确定了自己的人生目标：我要让所有的炼油制桶业务都归于"标准石油公司"。为了这个目标，洛克菲勒夜以继日地工作，再加上他天生的经商头脑，不到十年时间，他就控制了全美国95%的炼油厂，而他的"标准石油公司"也成为美国乃至全世界最大的石油公司。

所以，洛克菲勒的成功与他的运气、努力、聪明，以及经商头脑有着很大的关系。更关键的是，他有明确的目标，并且善于谋划和打算，就像他自己所说的："我承认，就像人不能没有金钱一样，更不能没有运气。但是，一个人想要有所作为，就不能等待运气光顾。我的信条是：我不靠天赐的运气活着，但我靠策划使运气发达。我相信好的计划会左右运气，甚至在任何情况下，都能成功地影响运气。"

直到很多年之后，他教导自己的孩子时，依旧说："人活着就应该有目标和野心，否则他就像是没有舵的船只，永远漂浮不定，最后只会到达失败、失望与丧气的海滩……财富与目标成正比例，我似乎从不缺少野心，从很小开始我就要成为最富有的人，这一直是我保持激情的动力和源泉。"

洛克菲勒说得一点都没错，对于任何人来说，想要成就一番事业，达成自己心中所想，就必须有自己的目标。这目标会使你发挥全部的力量，使你充满激情，更能指导你如何向着前方前进。

正如英国一句谚语所说的："对一艘盲目航行的船来说，任何方向的风都是逆风。"没有明确的目标，小船就会迷失方向，从而永远也无法驶向目的地。人生亦是如此，没有明确的目标，我们就会迷失方向，要走很多弯路、错路。即便我们对自己有信心，有行动的勇气，也有聪明的头脑，恐怕也不容易得到成功。

所以，想要实现我们自己的心中所想，我们就应该明确方向，让目标为自己的行动指出正确的方向。另一个成功的商人也是善于谋划的典范，他就是"九牧王"的创始人林聪颖。

在进行投资之前，林聪颖对于市场进行了反复考察，看究竟什么项目有前途、有钱赚。经过一番调查，他认定服装是生活必需品，具有很大的发展空间和市场需求，于是他便把自己的目标锁定为服装业。

之后，他开始着手行动，东拼西凑筹集来了7万多元资金，租了一处500平方米的房子做厂房，准备好机器设备，并且请好有经验的裁缝为工人们进行培训。果然经过一番努力之后，他的工厂业绩非常不错，产品受到消费者的热烈欢迎。短短一年的时间，销售额就达到20多万元。要知道，这个数目在八九十年代来说，可是一个不小的数目啊！

这更加坚定林颖聪在服装市场打拼的信心。之后，为了稳定市场，他决定进一步拓展业务。正当他思考业务发展方向之时，在一次偶然的聚会上，他发现一位朋友的西服裤子面料非常特别。这布料叫做"重磅麻纱王"，是一家台商纺织企业刚开发出来的。由于当时还没有广泛推广，市场上并不常见。

　　林颖聪想：这种面料的质量非常不错，在国内市场还没有普及，若是我能够抢占先机，垄断这种面料，岂不是能赚取更大利润。想到此，他积极联系相关厂商，拿下这种面料的国内独家代理权。紧接着，他对于工厂的生产工艺进行提升、革新。

　　果然不出所料，这种面料的西裤一经上市就受到消费者的青睐，不到一年半的时间，销售额就超过1亿元，创下了西裤销售的奇迹。之后，"九牧王"西裤在行业内遥遥领先，销售业绩一再创下记录，而林聪颖也实现了自己的目标，成为服装业的成功者。

　　所以，记住洛克菲勒的这句话："想要有成就，就要有刺激，伟大的目标使你发挥出全部的力量。失去刺激，也就等于失去了一股强大的力量推动你向前。"为自己人生谋划，确定适合自己的目标吧！不管目标是大是小，这都对你的人生有非常大的帮助。

2.要努力向前，也要让每一份努力有该去的方向

易卜生的著名戏剧《培尔金特》有一句经典台词："人生会遇到无数个十字路口，每一个十字路口都是一次选择，你有三个选择，不论是左、右、中，只要你选择了一个方向，哪怕这个方向错了，你也回不来了。"

对于目标的实现也是如此，我们会为自己树立无数的目标，短期的、长远的，只要付出努力，就能有实现目标的可能。可这必须有一个前提，那就是在这个过程中，你的选择首先是正确的，努力的方向必须是对的。选择对了，然后不顾一切地行动，才能得到自己想要的结果，实现最终的目标。

可若是选择错了目标，即便付出再多努力恐怕也收效甚微，甚至白白地浪费大把大把的时间。不信我们就看看下面这个故事，故事来源于美国教育家里维斯博士所写的寓言故事《动物学校》。

为了教会动物们掌握更多的本领，应对大自然的挑战，森林之王老虎创办了一所超级技能学校。在这里，动物们可以学习奔跑、爬树、游泳和飞行等生存技能。很快，鸭子、兔子、松鼠以及泥鳅进入学校，它们努力参加训练。

鸭子最擅长游泳，水平甚至超过老师，飞行成绩也不算差。可由于它身体笨拙、脚蹼宽大，跑起来一扭一扭的，跑步成绩非常差，于是，老师便要求鸭子勤学苦练，提高跑步成绩。为此它不得不放弃心爱的游泳项目，花费大量时间来练习跑步。最后，鸭子的跑步成绩不

仅没提高，脚蹼还受了很重的伤，就连走路都困难。

兔子正好相反，奔跑速度非常快，是这些学员中跑得最快的。但是由于长期生活在陆地上，它根本不善于游泳，一看到水就头晕。为了提高整体成绩，它不得不每天努力地练习游泳，好几次还差点被淹死。这样一来，兔子就更加恐惧游泳了，甚至还得了抑郁症、精神失常。

再说松鼠吧！它爬树的成绩一向是班里最出色的，飞行老师却非要它练习飞行。松鼠没有办法，只能反复练习，以达到从地面飞到树上的要求。高强度的练习并没有让松鼠提高成绩，反而使其腿部肌肉拉伤，连树都爬不上去了。

最后，泥鳅却成为动物学校里成绩最好的同学，因为他跑、跳、爬成绩都还算可以，还能游泳……

看到这个故事，你是不是觉得很滑稽可笑？但是这个寓言故事却告诉我们一个道理，那就是想要实现目标，选择对目标和方向远远要比努力更重要。选择对了，我们之后的努力才有助于我们实现目标，才不会白白浪费时间和精力；可若是选择错了，那么就会像鸭子学跑步、兔子习游泳、松鼠练飞翔一样，即便是付出很大的努力，结果也没好到哪里去，甚至让自己处于一种尴尬的处境。

所以，当我们的目标久久不能实现，我们的努力收效甚微的时候，不妨回过头来想想：我现在做的事情，是否真的在正确的方向上？我树立的目标，是否更适合我的能力和特长？我的每一分努力，是否都去了它该去的地方，是否都发挥出了最大的价值？

若是这些问题的答案都是肯定的，我们才不会让自己偏离方向，做出错误的选择，从而获得最后的成功。然而，在现实生活中，很多人却无法做到如此，他们在心中树立了目标，可中途却因为种种原因选错了方向，以致于之后的努力都用错了地方。

18世纪，欧洲探险家发现了新大陆——澳大利亚，对于这块美丽富饶的土地，欧洲各个国家都想要据为己有，最后是英国人获得了最终的胜利。可事实上当时法国人比英国人先出发，也比英国人先到达，只因为他们由于某个原因错过了目标，才让英国人抢占了先机。

事情是这样的：

新大陆发现后，英国人和法国人都想抢先占领这块宝地，便立即派出船队，展开了一场赛跑。结果法国船队最先到达了目的地，他们占领了澳大利亚的维多利亚，并将该地命名为"拿破仑领地"。在休息的时候，他们发现一种独特的蝴蝶，异常美丽，是之前从来没有见过的，为了捕捉这种蝴蝶，法国人全部出动，追着蝴蝶跑，一直深入到澳大利亚腹地。

就在这时，英国人也到达这里。当他们看到法国人的船只和营地时，以为法国人已占领了此地，所以陷入沮丧和失望之中。可仔细勘察之后，他们并没有看到法国人的踪影，这让他们兴奋不已，立即原地安营扎寨，并迅速向英国首相报告。

最后，等到法国人兴高采烈地带着蝴蝶回来时，英国人已经占领了维多利亚——这原本应该是他们先占领的地方，可此时，法国人即便再后悔也无济于事了。

为了占领澳大利亚，法国人和英国人都付出了努力，可法国人却因为追蝴蝶而改变之前的方向——他们放弃了原本的目标，做出了错误的选择，以致于前功尽弃，白白地付出了所有的努力。而英国人呢？他们非常明确地知道，自己的目标就是澳大利亚，唯一的任务也是占领这块美丽富饶的土地。所以他们朝着目标，勇往直前，即便路上的风景再美丽，都始终按照原来的路线前进。

　　所以，目标远比努力更重要。不管做什么事情，我们要努力向前，但也要审视自己的选择是否正确，每一分努力是否都去了该去的地方。我们只有知道自己想要什么，想到哪个地方去，慎重选择自己的目标，并在正确的道路和方向上不断努力，才能越走越远，越来越成功。

3.好运都是自己用双手争来的

对于很多人来说，成功和好运是划等号的，因为运气好，所以获得了成功。于是，他们在羡慕他人好运和成功的同时，也期盼自己能有那样的好运，也能够轻松地获得梦寐以求的成功。一旦自己等不来成功，他们便会抱怨上天不公平，不给他们好运和良机。

可事实真的如他们想的一样吗？他人的成功仅仅是因为好运，他们自己不成功仅仅是因为幸运没有光临吗？

要是你也有如此想法的话，那么恐怕是无法成就大事了。某些人的成功，或许真有运气的成分，可成功和好运绝对不能划等号，任何人的成功都不可能是因为有了好的运气。成功需要你努力地拼搏，好运也需要你用双手来争取，若是你从来不主动去争取，不行动、不努力，那么就算有好的运气，恐怕也无法抓得住。

他是一个普通的年轻人，却不甘于平庸。由于故乡发展不太好，没有太多的发展机会，他便想带着妻子到一个新的地方，希望能闯出一些名堂。他想：我怎么也是受过良好教育的高材生，并且在家乡也算是小有名气的医生，到了大地方，我肯定也能发挥自己的才能，取得更好的成绩。

想做就做，他和妻子来到一个大城市，可出人头地岂是一件容易的事情。在这个城市中，到处都是他这样普通的、却想要成功的人，所有人都期盼好的机会能降临到自己身上，都希望能找到合适的工作。

经过好几个月的努力，他依旧没有找到合适的工作。到大医院找工作吧，虽然他有经验、有学历，可没有人脉、资源，没有一个医院肯接受他。其实想想也不奇怪，现在人才市场竞争激烈，就连本地的高材生都很难找到工作，又何况他呢？自己开个小诊所吧，资金方面也存在很大问题，而且他是外地人，病人怎么能轻易地相信他，找他来看病呢？

眼看着从家里带来的钱快要花光了，面对眼前的困境，他感到万分失望，甚至产生了退却的想法。于是，他对妻子说："我们不如回家吧，反正这里也没有好的机会。要是再这样等下去，恐怕只能被饿死。"可妻子却说："难道我们就这样灰溜溜地回去吗？你甘心吗？为什么不尝试着再寻找新的出路呢？"

在妻子的鼓励下，他又重新燃起了希望，开始寻找新的工作机会。在这期间，他和妻子到该城市附近的乡镇走了走，熟悉一下当地的风土人情。他们发现，附近的这些乡镇发展得都非常好，比自己的家乡好上很多倍。妻子突然说："你或许可以从乡村医生做起，或许这是一条不错的出路。"

他觉得妻子说得很有道理，可很快就否定了这一想法。他摇着头说："虽然乡镇医生的门槛低，可他们比城里人更排外，对外地人更有戒心，有哪一家医院想聘请一位外地人呢？"

妻子笑着说："你不尝试一下，怎么就知道不可能呢？与其毫无目标地等待，还不如尝试一下，你说呢？"他见妻子如此乐观，便改变了自己的想法，一个乡镇一个乡镇地跑。每走到一个乡镇，他都会询问："你们这里需要医生吗？"

当然，很多医院听他是外地口音便直接拒绝了，有时候问得多了，人家还会用怪异的眼光看着他。可是他和妻子没有轻易放弃，因

为他们知道这是自己最后的出路，若是想要实现自己的目标，就必须
不放弃，不断地挑战自己。

　　一天，他们来到一个乡镇，看到一群医护人员正在为人们义诊。
他们上前了解情况，原来这是一个公益性组织，很多医生都是无偿服
务的，其中也有很多刚刚毕业的大学生。他询问说："我做了很多年
医生，是否能够加入你们的组织？"负责人说："那是太好了，我们
正好缺少有经验的医生！不过，有一点必须说明，我们都是无偿服务
的，没有薪资和福利。正因为如此，很多有经验的医生都不愿意加入
我们，你能接受吗？"

　　他们有些犹豫了，因为没有薪资的话，自己恐怕很难维持基本的
生活需求，就别提什么做出成绩了。可这恐怕也是自己唯一能留下来
的机会，难道就这么放弃吗？或许通过这次机会，自己能在这里获得
更好的发展呢！

　　正当他们犹豫不决时，负责人说："不过你也不用担心生计问
题，我们可以提供基本的住宿和伙食费，你可以考虑一下。"

　　经过短时间的考虑，他决定加入这个公益组织。就这样，他们
跟随这个医疗组织，跑遍了附近的所有乡镇，为农村人进行义诊。两
年的时间过去后，由于他经验丰富、医术好，成为组织里的骨干和权
威，也受到乡民的尊重和喜欢。后来，他被负责人提拔为组织的管理
层，一边负责义诊一边负责组织的管理工作。再后来，经过媒体的报
道和宣传，他成为这里颇有名气的医生，从而受到很多医院的青睐，
之前一些拒绝他的医院都向他发出邀请。

　　而他则选择了一家不错的医院，经过几年的努力，他终于实现了
自己的目标，闯出了一番天地，做出自己满意的成绩。当然，这之后
他并没有放弃做公益，每当休班和假期的时候，他都会回到那个公益

组织，继续为乡民们义诊，同时，他还号召一些年轻的医生加入到公益组织中来，多贡献自己的力量。

如果我们不知道他的经历，一定会觉得他非常好运——一个外乡人，在当地高材生都无法进入这家医院的情况下，竟然能够获得如此好的机会，并得到炙手可热的职位。可实际上，他的好运不是凭空而来的，更不是白白等来的。在这个过程中，他积极主动地寻找机会，并且付出了足够的努力；在遇到困境的时候，他不放弃，迂回前进，始终向着目标前进。正因为如此，他才获得了人人羡慕的成功。

所以，任何人的成功都不能仅仅凭借好运，机会也从来不是一位不速之客，突然某天就来敲响你的门。假若你不去寻找它，不去采取行动，那么或许这辈子都别想让好运降临。

不要把成功和好运划等号，想要成功，我们就必须付出努力，用自己的双手来争取和创造机会。当你真的付出努力之后，好运就会降临，促使你走向成功！

4.谋划是根，行动为本

很多时候，成功源于一个不同寻常的想法。就好像所有伟大的事业，在最初的时候都只是一个想法或愿望——我想成为伟大的作家，我想做一位亿万富翁，我想建造一座美丽的大桥。这个想法或是愿望就是我们对于未来人生的设定，就是我们追求和努力的方向。

有了一个好的想法，然后经过认真的谋划和拼命的努力，我们未来的人生才有可能更加美好，才不会被困在原地。如果缺少了想法，没有长远的谋划，那么我们未来的道路或许就可能更崎岖，人生变得平庸而又无为。只是，我们应该记住，好的想法只是一个人取得成功的前提。我们是否能够拥有美好的未来，是否能成就伟大的事业，关键在于我们是否在现在采取了积极的行动，付出了应有的努力。

简单来说就是，不管做什么事情，谋划是根，行动是本，只有思想和行动相互统一，未来的成功才有更大的希望。如果，我们有好的想法和谋划，却只让它们沉积在意识里，没有把它落到实处，那么这个想法和愿望永远也无法得出结果，与你未来的生活也没有任何关系。

不幸的是，生活中，把想法和行动剥离的人不在少数，他们总是有很多想法，可却只是思想上的巨人、行动上的矮子，所以那些好的想法和欲望最终成为了虚有其表的空壳，甚至慢慢地变成轻轻飘走的泡沫。

大学毕业时，小郑畅想着未来的计划："如今电商行业发展迅速，快递行业也方兴未艾。不过与城市相比，乡镇、农村的快递服务还是不太完善，若是能够扩展这一块领域的快递业务，把一定区域的大小超市都联合起来，那么一定能赚一笔大钱。"小郑越说越激动，"这只是第一步，若是能推出跑腿、送货、外卖等业务，把附近的市区、县城、乡镇都整合起来，那将有很大的发展空间。"

同学们听着小郑的想法，都觉得这是一个不错的项目，便纷纷鼓励他尽快把想法付诸实际。小郑见自己的想法得到肯定，接着说："我们现在刚毕业，没有那么多的项目启动资金，有谁愿意和我合作，一起发展这项有前景的事业呢？"

此时，同学小魏站了起来，说："现在大学生毕业很难找到合适的工作，国家也鼓励大学生创业。我觉得这个项目不错，我和你合作吧！接下来，你做出一个详细的计划，我筹集一些资金，我们就开始行动吧！"

小郑听了，内心欣喜极了，又口若悬河地向大家"演讲"了一番。可没过几天，他就把这件事情抛之脑后了，等到小魏筹集好资金之后，询问他是否做好计划时，他却没有任何行动，只得找个借口搪塞过去。几次三番之后，小魏干脆就自己行动，他抓紧时间做好详细计划，利用筹集好的资金成立了一家快递公司。

由于填补了市场的空白，小魏的公司刚一成立就受到人们的欢迎，生意非常红火，不到一年时间，小小公司竟盈利十几万，而且越来越壮大。这时，小郑才抱怨地说："我们不是说好合作吗？你为什么抛下我一个人行动？这可是我的想法，你这样做实在太不地道了！"

小魏也毫不客气，反驳道："你自己问问自己，我催了你几次？每次催促你做好详细计划，你都有很多理由，不是说没时间，就是说马上做。我要是一直等你的话，恐怕现在公司的影子都没有呢！"

小郑无话可说，只好灰溜溜地走了。

小郑确实有想法，说得也非常好。可是他只停留在想法上，并没有为这个想法做些什么。即便小魏多番催促，他也没有付出行动，试问这样的状态怎么能成功呢？

成功始于想法，但是一个人的成功永远应该是思想和行动的统一。你的想法决定了未来的方向，你的行动却会直接决定结果。古人说谋而后动，这重点就在于这"动"字上。就像阿莫斯·劳伦斯说过的一句话："整个事情成功的秘诀在于形成立即行动的好习惯，才会站在时代潮流的前列，而另一些人的习惯是一直拖延，直到时代超越了他们，结果就被甩到后面去了。"

我们说，Facebook的创立，源于扎克伯格的一个突发奇想。若是当初他没有为学生们建立沟通平台的想法，就没有今天的Facebook。可是我们也不要忘了，若是他只有想法，却不行动，或是拖延自己的行动，那么恐怕会让Facebook的诞生延后很多年，甚至根本就不复存在。

实际上，这个想法刚刚产生一个星期，扎克伯格就把这个平台建好了。而Facebook刚一开通，就受到大家的欢迎，短短几个星期，哈佛一半以上学生都成为了它的忠实会员。这些学生积极提供个人数据，包括姓名、住址、兴趣爱好和生活照片等私密数据。而学生们还可以利用这个平台和朋友聊天，掌握朋友的生活动态。很快，Facebook就受到了美国各大学校的欢迎，几乎所有北美地区的年轻人都知道了这个网站。

今天，Facebook已经成为了风靡全球的社交网站，就连前美国总统奥巴马，英国女王伊丽莎白二世都成为了它的拥护者。而扎克伯格也成为了全球最年轻的亿万富豪，被人们冠以"第二盖茨"的美誉。

　　所有的成功都是从一个好的想法开始的，想法就是我们成就美好未来的引线。想法虽然重要，行动也是必不可少的。为了未来，马上开始自己的行动并且不断地努力、努力、再努力，直到这个想法实现为止，这才是最正确的选择。

　　别让自己对于未来的规划只停留在想法上，也别让想法永远沉积在你的大脑里。如果你有一个好的想法，如果你对于未来有很好的谋划，那么就马上行动吧！不要找借口，不要懒惰，不管付出多少努力都要去实现它，如此你的未来才更加精彩，你的世界才大不一样。

5.有雄心，更要脚踏实地

有一个问题："如果汽车的车轮不着地，它能够驶向远方吗？"

很多人看到这个问题后，都会嗤之以鼻地说："这个问题真是太可笑了！车轮不着地，汽车怎么行驶？它又不是飞机，怎能驶向远方呢！"

没错，问题非常可笑，答案也是"绝对不可能！"可遗憾的是，现实中的很多人却时常犯这样的错误：他们心中有着雄心和抱负，可它却是脱离现实的，不切实际的，以致于所谓的雄心和抱负犹如海市蜃楼一般，只能在空中漂浮着，很难有实现的可能。

比如一个刚毕业的大学生，发誓要成就一番事业。可他却眼高于顶，一心只想进入世界500强公司，实现月薪万元的梦想。

再比如某艺校毕业的学生，想要成为超级明星。她看不起任何小角色，更不愿意像其他同学一样到横店找机会，反而希望大制作、大导演看上自己，一举成为某部新剧的女主角。

更有甚者，一个普普通通的年轻人，连普通的工作都无法胜任，却做着成为亿万富翁的梦，发誓要和马云、李彦宏等人肩并肩。

与其说这些人有雄心和梦想，还不如说他们在幻想和做梦。实际上，并不一定所有的想法都能称之为梦想，只有那些能够实现的，切合实际的，才能称之为梦想。而那些不接地气的，总是在天空中飘着的只能称为幻想。若是一个人不考虑自身情况，只凭着雄心树立远大的、不切实际的梦想，整天眼高手低，那么只能迷失在虚幻之中，陷入痛苦之中无法自拔。

兰兰是一位普通的女孩，长相不算漂亮，但也是个清秀佳人。她有一个梦想，就是成为一名明星，像杨幂、唐嫣一样成为人人喜欢的明星。于是，她下定决心要考上北京电影学院，可不管是从长相还是从才艺来说，她都不突出，以致于连初试都没有通过。

她依旧不甘心，为了自己的梦想，她和众多追逐演艺梦的年轻人一样来到横店，希望能得到一个好机会。可经过一年多的努力，她却只出演了几个路人甲的角色，最好的角色就是主角身边众多丫鬟之一，而且连一句台词都没有。

一位经验丰富且非常和善的群演头头对她说："以我的经验，你可能没有多大的发展机会。虽然很多明星都是从群演开始的，但是她们确实有才华，并且长相非常漂亮，就实力而言，你真是……"

这位群演头头没有再说下去，怕伤害她的自尊心。可她却执拗地说："别人能出名，我也可以，我就想成为杨幂那样的明星。"听了这话，群演头头只能无奈地摇摇头。

接下来，兰兰依旧在横店做横漂，每天不是做行人，就是做丫鬟。父母苦口婆心地劝她，希望她能实际一些，不要再做明星梦："兰兰，我们已经老了，希望你能过上幸福的生活。哪怕不能沾你的光，也不能看着你在错误的道路上越走越远啊！难道你就不能踏实些吗？找个普通的工作，然后成家立业……"

每当这个时候，兰兰就激动地说："你们怎么知道我就不能成功？我要追求我的梦想，你们为什么非要阻拦？"

然后，兰兰依旧继续过着这样的生活，纵有收入亦入不敷出，很多时候因为接不到群演的机会，不得不向父母要生活费……

等到兰兰30岁的时候，其他朋友、同学要不已经有了不错的事

业，要不已经有了幸福的家庭，可她依旧一无所有，不仅距离自己的
"梦想"有千万里远，还浪费了大好的青春。

正如如果不让车轮着地，汽车永远不可能驶向远方一样，若是想
法脱离现实，完全不符合个人的实际情况，那么只能是痴心妄想，永
远也等不到实现的那一天。因此，一个人要有雄心，在树立远大的目
标和梦想的同时，必须要脚踏实地。

把自己的想法建立在现实的基础上，然后再一步步地努力拼搏，
踏踏实实地做人做事，才能实现自己的雄心壮志。当然，这不仅是我
们做事的基础，更应该是人生的准则。

另外一个女孩就与兰兰正好相反。她生活在一个小山村，从小
就梦想着能够走出大山，像电视里那些都市女性一样做一个超级女白
领。可高中毕业后，她考入一所不太理想的大学，若是想要实现自己
的梦想，就必须再复读，努力考上更好的学校。

然而，家庭条件不允许她复读，弟弟正在上高中，妈妈也病倒
了。她不得不放弃那遥不可及的梦想，开始踏实地生活。三年大学毕
业后，她找到一份销售的工作，由于工作努力，待人热情，业绩一直
领先于其他人。又过了几年，她凭借过人的业绩做了销售主管，嫁了
一个好老公。为了照顾父母，她把两位老人接到身边，而弟弟也非常
有出息，成为一位出色的医生。

虽然她没有实现成为都市白领的梦想，但生活更贴合实际，幸福
而又美满。而谁又能说这种生活比之前梦想中的生活更差呢？

我们的思想可以放飞，梦想也可以远大，但是却应该接点地气，
具有踏踏实实的烟火感，绝不能脱离对自身的全面定位。这是因为人
生的道路，都应该是用我们自己的双脚来丈量的，未来的成功都应该
是用我们的双手来创造的。若是我们只看着远方的天空，只想着达到

最遥远的地方，却不屑于低头看脚下，不踏踏实实地做事情，恐怕最后就会跌入万丈深渊。

从某种程度上来说，失败者之所以失败，不是因为他们缺少能力或智慧，而是他们总是异想天开，望着更高更远的地方，不屑于把目标和梦想定得实际些。他们往往还没有走到山脚下，就盼着欣赏"会当凌绝顶，一览众山小"的风景；还没有拿到小角色，就想着直接登上奥斯卡的领奖台。这不是痴人说梦吗！

梦与梦想的距离，就是失败者与成功者的距离。所以，有雄心，少一些不切实际的幻想，多一些接地气的梦想，那么未来将更加美好！

6.不苦练实力，怎么能一鸣惊人

一个毫无作为的人向牧师抱怨："上帝是不公平的，为什么很多没有才华和本事的人却获得了成功，可那些有才华的人却没有实现理想的机会。这简直是太不公平了！"

牧师不解地问道："为什么会这样说？"

这个人愤愤不平地抱怨说："事实就是如此。我的一位同学约翰，从小学习成绩没我好，也没有我聪明，上学的时候，他时常抄袭我的作业，考试成绩也是一塌糊涂。可是，现在他竟然是一家公司的老板，手底下管着十几号人。"

牧师说："我知道这个人，他小时候确实不算优秀，但是我知道他自从上大学之后异常勤奋，经常学习到深夜，不断地提升自己的能力，之后抓住一个绝好的机会成立了这家小公司，之后，他更加努力工作……"

可牧师的话还没有说完，这个人立刻抢过话来说："那就不说约翰了，我还有一个朋友吉姆，从小身体素质就差，体育考试从来就没有及格过。那时候，老师时常让我监督他跑步，帮助他补考。可是，现在他竟然成为某篮球队的主力队员，在这个城市中还小有名气。"

牧师回答说："这个人我也刚好认识。你说的没错，他小时候身体不好，体育是弱项。正因为如此，他更加拼命地加强锻炼，逼着自己刻苦训练，尤其是喜欢上篮球之后，他把所有的时间都花在训练上，每天只睡几个小时……"

可这个人好像没有听到牧师的话，他只顾着自说自话，抱怨上天的不公平，抱怨为什么有能力的人却得不到好的机会。最后，他看着牧师，"真诚"地问道："牧师，您能告诉我为什么上帝那么不公平吗？我怎样才能成就一番事业呢？"

牧师摇着头说："不，你说错了。我认为上帝是公平的，人与人之间都是平等的。它让那些努力的人实现了自己的理想，成就了美好的人生。虽然这些人可能天赋不高，或是有这样那样的劣势，但是只要肯磨炼自己的意志，提升自己的能力和实力，便可以得到应有的收获。这一切不都说明了上帝很公平吗？"

这个人不满地问道："既然上帝是公平的，那么为什么我没有成功呢？"

牧师语重心长地说："那是你根本就没有付出过努力啊！你只是坐等着好运和成功，却不肯磨炼自己，又怎么能奢望成功降临在你身上？要是真的如此的话，上帝就真的不公平了！"

著名科学家爱迪生曾经说："天才就是1%的灵感加上99%的汗水，但那1%的灵感是最重要的，甚至比那99%的汗水都要重要。"这句话的意思很明确：很多时候思想是最重要的，若是没有好的想法、计划、谋划，那么之后的努力就会大打折扣，这就是在告诉我们要重视思想和灵感。

可生活中很多人却对这句话断章取义，错误地理解为想法才是最重要的，努力和付出并不是那么重要。于是，在这种错误思想的影响下，他们开始重思想，轻行动，甚至是不行动。

然而，不行动，想法怎么能实现？不勤学苦练，提升能力和实力，怎么能一鸣惊人？我们除了记住爱迪生的这句话，还应该记住另外一句话，那就是：成功等于艰苦的劳动加上正确的方法以及少说空话。

　　想要成功就应该苦练真本事，这就好像下海捕鱼一样，渔夫只有练好观察鱼群动向的本领，结好稠密的渔网，才能打到更多的鱼，才能满载而归。如果不肯苦练本领，在结网的时候偷懒敷衍，不是抱怨风大就是埋怨鱼群狡猾，最终只能是一无所获。

　　一鸣惊人只是少数人成就的神话，在其惊人成就的背后肯定不是安逸和懒惰，更不是空想和幻想，而是持之以恒的努力，坚持不懈的付出。凡是能够成就事业的人，都曾经默默付出过努力，不惜一切代价地苦练本领，提升实力。

　　不妨看看这个故事：

　　很多喜欢音乐的人都喜欢小提琴家帕格尼尼，歌德评价他是"在琴弦上展现了火一样的灵魂"。他12岁就把《卡马尼奥拉》改编成变奏曲，登台演出之后一鸣惊人，轰动了音乐界和舆论界。

　　可要知道，这一鸣惊人的背后则是无数个日夜的勤学苦练，是对于音乐的向往和执着。帕格尼尼的父亲是一名小商贩，虽然他没有接受过多少教育，但是他却对音乐非常痴迷，尤其喜欢小提琴。在父亲的影响下，帕格尼尼也喜欢上了小提琴，并且希望成为一名出色的小提琴家。

　　7岁的时候，父亲为他聘请了一位在剧院拉小提琴的老师，帕格尼尼开始学习小提琴。在之后的日子里，他每天早上九点钟开始在家练习拉小提琴，一直到下午五六点钟才结束。这个年龄的孩子正是喜欢玩耍的时候，看着其他小朋友能够自由地玩耍，他非常羡慕，可是他知道只有坚持练习，不断提升自己的水平，才能成就自己的梦想。

　　就这样，帕格尼尼练就了娴熟的小提琴演奏技法，在年仅12岁时就一举成名。之后他依旧没有放松，开始跟随不同的老师学习，包括当时最著名的小提琴家罗拉和指挥家帕埃尔。此后每天他练琴的时间都不会少于12小时，即便是功成名就之后也不例外。

　　他的勤奋不是一时的，而是伴随着整个人生。从喜欢上小提琴之时到去世的50年里，他始终勤奋地练习，不断提高自己的能力和实力，终成就一生的传奇。1828年到1839年，帕格尼尼先后在维也纳、巴黎、伦敦、马赛、威尼斯举行演奏会，这些演出均产生了轰动的效果，这也奠定了他国际演奏大师的地位。

　　而当记者问帕格尼尼："您取得成功的秘诀是什么？"帕格尼尼的回答只有一个字："勤。"一个"勤"字虽然简单，但是蕴含的道理却非常深远，需要我们付出的则是更多更多。

　　所以，不管一个人是平凡还是有才华，只要能够让自己行动起来，勤奋不懒惰，全身心地投入到自己想要做的事情中，那么便会朝着成功的方向迈进。现在不妨逼自己一下，苦练实力，将来你肯定会感谢今天发狠的自己。

7.不给你的未来设限，才能创造无限的可能

我们喜欢谋划未来，希望能有更好的未来，因此很多时候我们往往会给自己的未来设限，因为种种原因就用一个个条条款款来限制自己，设定自己会往某个方向走。这样做的最大害处就是：我们会把自己固定在一个框架之中，把自己和未来无限的可能分割开，从而无法发挥出自己的潜力。

比如你从小成绩一般，再怎么努力也无法获得第一名。于是，你便给自己的未来设限——我始终无法获得第一名，恐怕只能进入普通大学。久而久之，这种思想就会根深蒂固，影响你之后的行动，从而限制你未来的发展。

可是你现在成绩不好，无法获得第一名，怎么就能确定将来也无法获得第一名呢？你现在成绩不好，怎么就能确定之后就无法进入更好的大学呢？你不拼命地努力，又怎么知道自己做不到呢？在这个世界上，没有什么事情是绝对不可能的。除非你自己说自己"不行"，给自己的未来设限制。

一个人给未来设限是非常可怕的，它会让我们产生很多可怕的想法：我未来肯定无法成就伟大的事业，现在这么努力做什么，岂不是白白浪费时间和精力？我只能成为那样的人，就别往其他方向发展了。

而这种可怕的想法将压抑我们身上的潜能，消除我们生命中应有的光芒，更会打击我们行动的积极性，让我们变得懒散、消极、不思

进取。所以，我们需要谋划自己的未来，但却不能为未来设限，不管这个限制是你自己设置的，还是别人强加给你的。只有挖掘出自己的潜能，充分发挥自己的能力，我们才能释放出惊人的力量，成就无限的可能，拥有更美好的未来。

辛普生是美国最杰出的棒球运动员之一，可是他小时候却是一个身体有缺陷的孩子，甚至连行走都是一个大问题。他出生于旧金山一个破旧的贫民区，父母离异，家境贫寒。本来他的人生就够悲惨了，可上帝好像故意捉弄他一样，让他得了小儿软骨病——这一年，他只有6岁。

辛普生小小的身体非常脆弱，双腿虚弱无力，由于家庭贫寒，无法得到更好的医治，他只能用坚硬的火板夹住双腿，勉强练习行走。虽然他顽强地练会了行走，可双腿却因为长期被捆绑而慢慢地萎缩，双脚向内翻，小腿比别人的胳膊还要细很多。

面对这样的情况，医生断言他的双腿废了，这辈子只能在床上度过。很多人担心他将来的生活，还断言他肯定只能庸庸碌碌地过完一生了。然而，他却没有放弃自己的人生，依旧坚持练习行走，想要和正常人一样走路。之后，他遇到了旧金山飞人棒球队的运动员威利·梅斯基，并且把他视为最崇高的偶像，梦想成为伟大的棒球运动员。

一个连走路都不利索，双腿肌肉严重萎缩的人，竟然想成为一名棒球运动员？这个想法简直太疯狂了！所有人都觉得辛普生疯了，就连他的家人都这样想，并且劝他放弃这个不可能实现的想法，安心做一个普普通通的人，只要能勉强正常行走就好了。

辛普生非常坚持自己的想法，为了实现这一梦想，他付出了难以想象的努力和辛苦。开始，他离开家，学着做一些简单的工作，比如到街上去卖报、到池塘去打鱼、到火车站帮别人装卸行李等等。这些工作对于他锻炼腿部的肌肉力量非常有帮助，可以锻炼行动的敏捷性。

　　除了这些，他还时常利用空闲时间到学校的球场练习打橄榄球，我们都知道，橄榄球是一项运动量非常强、体力消耗非常大的运动，尤其是需要很强的奔跑能力。可想而知，辛普生在锻炼的过程中需要付出多少辛苦和努力，可他竟坚持下来了。经过长时间的锻炼，他终于练就了强壮的体魄，最后成为最出色的棒球运动员。

　　事后，辛普生感慨地说："在那个艰难的时刻，我时常告诉自己'谁说我的人生毫无前途可言，不试怎么知道自己不行？我相信，我能行！'"

　　是啊！不竭尽全力地尝试，你怎么知道自己不行？你怎么知道你的未来就只有一个可能？辛普生没有给自己的未来设限，所以他才创造了另外一种可能。倘若你给自己的人生设限，那么人生的道路上处处都是障碍，你始终都无法走出一小片天地。可若是你不给未来设限，那么人生中就没有限制你的藩篱，也就没有什么不可能的事情。

　　美国思想家爱默生就曾说过："蕴藏于人身上的潜力是无尽的，一个人能做成什么事情，别人无法知晓。若不动手尝试，你对自己的这种能力就会一直蒙昧不察。除了你自己，没人能否定你。相信自己能，便会攻无不克。所以，不要说不可能……"

　　不给自己的未来设限，寻找一切可以改变自己的机会，然后向着前方努力地奔跑。也许，你的能力不是最优秀的，经验不是最丰富的，技术不是最熟练的，但当你开始尝试着不给未来设限时，你的目光将比常人更透彻，谋略比常人更长远，成就比常人更卓越。因为当一个人的想法无限，并且始终告诉自己"我能行"的时候，那么未来的人生就会充满了无限可能。

8.空有大格局，小事也成不了

现在流行一句话："格局大了，事就成了。"格局就是一个人的眼光和胸襟，一个心中装有大格局的人，才会树立远大的目标，跳出个人的视角来审视机遇和困境，然后向着自己的目的地不断地前进，从而获得大的成就。

可以说，只有拥有大格局的人，才能有大作为，正如那一句谚语：再大的烙饼也大不过烙它的锅。这句话的意思是，你可以烙出大饼来，但是你烙出的饼再大，它也得受到那口锅的限制。反过来，你若是想要烙出更大的饼，那么就必须让自己拥有更大的锅——而那口锅就是所谓的"格局"。

生活中很多人没有大格局，做事往往只顾着眼前的利益，不能把眼光放得远一些，不知道更远处隐藏着更大的机遇，所以往往很难成就大事业。可生活中也是有很多这样的人，他们总是觉得自己能力超群，能够成就不凡的事业，所以一心只想着做大事，然后为自己立下非常远大的目标，可事实上，等到行动的时候，他们却连一点小事都不愿意做，不肯脚踏实地的从第一步做起，结果只能空谈大格局，却什么事情也做不成。殊不知，有大格局就应该有大觉悟、大行动，若是缺少了后者，格局就会变得华而不实，甚至成为空谈。

所以，格局再大，眼界再高，胸怀再宽广，最终必须要靠"行动"二字。这是因为，任何远大的目标都是从近处开始的，任何大事都是由小事情组成的。没有做好小事的能力，没有平日踏踏实实的积累，纵然你的格局再大，也会竹篮打水一场空。

对于这一点，世界首富比尔·盖茨的一番话就是最好的证明。他说："我自己从来没把自己当成一个'做大事的人'，自己之所以能够成功，只是因为自己把每一件小事都做到位了而已。你不要觉得为了一分钱与别人讨价还价是一件丑事，也不要认为这没什么出息。金钱需要一分一厘积攒，而人生经验也需要一点一滴积累。"

我们应该让自己的大格局"软着陆"，从小事做起，从近处的目标做起，然后一步步地实现大目标，如此一来，大格局才能有"大手笔"。事实上，很多有大格局的人都是靠赚小钱起家的，他们凡事从小事做起，最后一步步地实现了自己的财富梦想。美国一位名叫安德森的企业家就是如此。

如果我问："只卖1美元的商品，能够赚取财富吗？"很多人或许会拼命地摇头，连连说这怎么可能？

可事实上，安德森就是靠"1美元"起步发家的，因为他有着远大的目光，把目光放在了这"1美元"之后的长远利益之上。

开始的时候，安德森没有什么资金，做不了什么大生意。他突然灵机一动，想到了一个好办法：他在当地一本畅销的妇女杂志上刊载出这样一则广告："1美元商品"——这些商品都是非常实用、实惠的产品，且厂商都是有名的大企业。

这样一来，很多客户看中自己满意的产品之后就会汇款过来，然后他再用收来的钱直接去买货。那么为什么他会坚信客户肯定会买账呢？这是因为这些商品中，有20%的进货价格超出1美元，60%的进货价格刚好是1美元。对于客户来说，这是非常实惠的，所以，广告一经刊登，订购单就像雪片一样纷至沓来，安德森的生意变得非常火爆。

有人又问了"这样一来，安德森不是吃亏了吗？如果客户买的商品越多，他的亏损就越多。"你认为安德森是一个肯做亏本买卖的傻瓜吗？显然不是，他的目标并不是这些1美元的商品，而是其他利润更高的商品。在为客户寄送商品的时候，他会根据客户选择商品的种类，给客户寄去一份商品目录和商品图解说明，再附一张空白汇款单，而这些商品的价格通常在3美元以上100美元以下。

因为所有顾客都在安德森那里买到了价格实惠、质量不错的商品，对他产生了信任之感，所以他们往往更愿意继续买他推荐的其他商品。就这样，安德森以小金额商品的亏损换来了大量顾客的"安全感"和"信用"，这不仅弥补了之前的亏损，还获得了更多的利润。

之后，安德森依旧秉持这种薄利多销的经营原则，生意也越做越大，很快就成立了一家通信销售公司。三年之后，他的销售公司发展壮大，底下有五十多名员工，销售额多达5000万美元。

我们要明白一个道理：若是你想要成为富翁，就不能空有野心，更不要每天想着成为亿万富翁，却不屑于赚所谓的"小钱"。你必须树立远大的目标，然后从小事做起，一步步地实现自己的财富梦想，如此一来，财富才能像滚雪球一样越滚越大。

试想一下，古往今来，哪一个眼高手低的人，做成了一夜成为亿万富翁的美梦？又有哪一个空谈格局的人，获得了非凡的成就？李嘉诚、比尔·盖茨、马云、郑裕彤，这些赫赫有名的大富豪，哪一个不是从最底层做起，才一步步地攀上了人生的最顶峰？

任何人都不是超人，不能实现一跃千里和一夜暴富的梦想。空有大格局，却不肯从小事做起，那么只能陷入自己编织的美好骗局之中，最后连小事都无法做成。

所以，我们不仅要有大格局，更要让大格局有好的归宿；我们要树立远大的目标，所以才要踏踏实实地行动。

第四章 借口是懦弱的面具，你缺乏的只是勇气

DISIZHANG

"懦弱的人只会裹足不前，莽撞的人只能引火烧身，只有真正勇敢的人才能所向披靡。"这是马云给人们的忠告。没错，很多时候阻碍你成功的不是任何东西，不是缺少机遇、沿途的困难、无辜的借口，而是你所缺乏的勇气。

如果你无法战胜自己，赶走内心的懦弱，勇敢地行动，恐怕永远也无法成功。

1.想多少"如果", 不如来一个"如何"

人们总是喜欢说"如果",当找工作处处碰壁的时候,就说如果能够回到大学时代,我一定好好学习,提升自己的能力,不把时间花费在玩游戏和睡觉上;当爱人离开自己的时候,就说如果能够再给我一次机会,我一定会好好地爱她、关心她,不会随便乱发脾气,不会忽视她的感受;当生活平平庸庸,没有一点作为的时候,就说如果现在老天能够给我一次机会,我一定会好好地抓住它,然后付出自己的努力……

面对生活的不如意,人们希望改变生活,所以总是希望能得到"如果"的垂青,不是回到过去,就是想要假设未来。可是,这不过是人们的自我安慰罢了,人生没有那么多"如果",你在该努力的时候不努力,该珍惜的时候不珍惜,即便重新回到过去,恐怕也无法做成任何事情,获得任何收获;你沉浸在想象之中,只幻想着未来,却不肯思考如何行动,那么只能停留在原地,始终一无所获。

笑笑是一个喜欢说如果的女孩,很多朋友给她起了一个外号叫做"事后诸葛亮"。

我们不妨来看看她是怎么说的吧!看到某个小区的房子升值了,她会捶胸顿足地说:"哎呀,当初这个房子每平米才几千元钱,我本来想买的,可是手里资金不够,所以才耽搁下来。如果那时我一咬牙一跺脚买下一套房子,现在肯定能赚一大笔钱。"

同事升职加薪,成为部门经理,她后悔地说:"这个同事和我一起进来的，业务水平还不如我呢！可是她却能够抓住机会，接受公司的外派任务，在外地工作三年，回来之后就当上了经理。当时老板是有意让我接受这个任务的，可是我却嫌弃那个地方偏僻，如果我抓住这个机会，恐怕升职加薪的就是我了……"

"如果我能好好学习，考入一所985大学，恐怕也不会混得这么差！"

"如果我接受那个爱我的男朋友，现在肯定是家庭幸福的人，不致于成为大龄剩女……"

笑笑总是喜欢说这样的话，有人问她："这个世界上哪有那么多如果？不管做什么事情，机会就只有一次，错过就是错过了。既然你总是后悔，为什么不早点行动呢？为什么不努力改变自己呢？要知道，只要你下定决心行动，不管什么时候都不晚！"听了那人的话，笑笑则一句话也说不出来。

事实上，笑笑喜欢说如果，只是想给自己的不作为和不成功找一个借口罢了，只是想要安慰自己的失落罢了。可是，她不知道的是，当这种行为成为惯性之后，自己就会陷入空想的陷阱，失去行动的激情和积极性，永远只能活在空想和追悔之中。然后一边抱着各种幻想，一边继续不去做本应该做的事情，然后再追悔、再幻想、再不行动……从而陷入一种死循环。除非她能认识到行动的重要性，抛弃所有的"如果"，思考如何去行动，如何去获得结果。

所以说，若是一个人只想着"如果"，不把自己从虚拟的"如果"中抽出来，整天总是为过去遗憾，为未来担忧，那么只能丢了今天，误了明天。

这个世界上没有如果，也不相信所谓的如果，我们想要做成某件事情，就必须思考如何去行动，如何去把它做好，然后为其付出全部的努力。不把"如果"当做借口，更不妄图用"如果"来安慰自己，我们才能走向真正的成功。不信看看下面的例子：

　　方为的梦想是开一家属于自己的广告公司，为了实现这个梦想，他大学毕业后就找到了一份广告策划的工作，积极学习经验，不断提升自己的能力。在业余时间，方为还抓紧时间读书，参加各种培训，经过几年的努力他终于坐上了一家公司创意总监的位置。

　　他认为凭借自己的能力和人脉，开一家广告工作室是完全没有问题的，于是，他便拿出自己全部的积蓄，又找其他朋友和亲戚借了一些资金，开始了创业之路。

　　可他没有想到的是，开公司不仅仅需要广告策划能力，更需要广阔的人脉，还有很多很多综合能力。他需要联系客户、跑业务，需要与制作广告的各方面公司协商，需要管理和协调员工之间的关系……而这些都是他之前没有接触到的，可以说是一点经验都没有。

　　一年下来，他的工作室只接了两单生意，而且还是之前客户介绍的，无奈之下，方为只能把工作室关闭，暂时放弃创业的计划，然后重新找了一份广告类的工作。

　　这时候，朋友们都对他说："如果当初你不选择创业，而是在原来公司踏踏实实地做创意总监，恐怕也不会落到这个地步！""你现在后悔了吧！如果再给你一次机会，你还会鲁莽地辞职，然后一个人创业吗？"

　　谁知方为笑着说："人生没有如果，我不后悔当初的决定。况且，现在已经这样，后悔还有什么用呢？虽然这次创业失败了，但是我还是学到了很多东西，这是我在之前的工作岗位上永远也无法学习到的。"

　　朋友听了方为的话，都无奈地摇摇头，以为他只是嘴硬而已。其实，这是方为的真心话，他并没有为创业后悔，并且仍然没有放弃创业的梦想。在之后的工作中，他不再一心只搞策划，而是学习其他方面的经验和知识。比如如何和客户打交道，如何与制作单位沟通，如何控制预算等等。

经过几年的努力，方为觉得时机成熟了，便又辞掉稳定的工作，再次开起自己的工作室。这一次，他不管做业务还是做管理都毫不含糊，很快就让工作室步入正轨，并且接了一单又一单生意。两年后，方为的工作室成为当地小有名气的广告策划公司，一些知名公司也纷纷向他抛出橄榄枝。

当朋友们向他祝贺的时候，他意味深长地感慨道："想多少如果，都不如实实在在的行动更可靠。在做事情的时候，我们不能总是想'如果回到过去，我会怎样'，'如果再给我一次机会，我要怎样。'因为这是毫无意义的，只会让我们陷入痛苦之中。只要我们心中有梦想，然后思考如何去行动，想好了就去做，才能改变自己的现状，实现自己的梦想。"

方为说得没错，若是你只停留在"如果"的空想上，不肯付出行动，那么不管什么时候，你都无法改变昨天的失败，更无法迎接成功的明天。很多时候，如何去做才是最重要的，因为它会让我们把不切实际的想法都抛之脑后，把各种理由都彻底摒除。

改变自己的心态和思考方式吧，把自己从虚拟的状态中抽出来，把重点放在真真实实的行动上，只有行动了，你才能得到结果。

2.真正阻拦你的不是借口，而是懦弱

美国一位农妇画家曾经说过这样一段话："做你喜欢做的事，上帝会高兴地帮你打开成功的门，哪怕你现在已经80岁了。"这句话鼓舞很多人积极行动，从事自己喜欢的事情。它同样也告诉我们，若是想要改变自己的命运，没有什么比立即行动更有效的办法了。只要我们下定决心，现在就朝着自己的目标前进，就可以做成自己想做的事情。

但是很多人却忽视了这个道理，他们总是找各种理由来推迟自己的行动，甚至是不行动。有些人埋怨工资少、待遇不好，埋怨不能获得老板的青睐和重用，可当别人建议他们努力工作，改变现状的时候，他们却说："我现在已经这样了，再努力还有什么用？"；当别人鼓励他们跳槽的时候，他们却说："我现在工作还算稳定，跳槽是不是太危险了？现在竞争这么激烈，万一找不到更好的工作怎么办？"

有些人想要从事自己喜欢的工作，或是追求年轻时的梦想，但是当有人劝他勇敢做出选择的时候，他们却说："我现在已经年过三十，现在再追求喜欢的事情，还来得及吗？"

还有些人遇到了绝好的机会，只要肯踏出第一步，马上行动，便可迎来赚取一大笔财富的机会。可在机遇面前，他们却踌躇起来，说："现在条件还不成熟，我等条件成熟一些再行动吧！""我的资金都是向亲戚朋友借的，我还是小心一些吧！"

......

看吧！在行动面前，这些人总是能够找到各种各样的借口，在他们自己看来，这些借口都是合情合理的，可实际上，他们只是用这些借口来掩饰自己内心的懦弱而已，除了能够进行自我安慰，助长自己的懦弱和懒惰之心以外，根本就没有任何用处。

换一句话来说，这些人害怕冒险，害怕尝试，所以面对任何事情都习惯找借口，好"理直气壮"地拖延行动的步伐，或是什么也不做。然而，在人生中不敢尝试才是最大的冒险，因为若是如此，到头来，我们将什么也无法获得，什么也无法改变。

所以，我们应该学会抛弃借口，勇于尝试和冒险，不要让内心的懦弱阻止前进的步伐，更不要让回避的态度毁掉美好的未来。正如古人所说的："不入虎穴，焉得虎子。"也如爱迪生所说："不要试图用语言证明你是什么样的人，你是否有成就在于你是否有行动的习惯，一种是畏首畏尾，它决定了你永远没有成功的机会；另一种是敢拼敢闯，它注定你脚下的路必然通向罗马。"

想要成功却不想冒风险，只想着在安全区内行动，那是根本不可能的。从古至今，多少成功者的经验也告诉我们，风险是在所难免的，一定要有敢于尝试的态度，这对于一个人来说是非常重要的。

在华人领域中，印尼富豪李文正可以说是敢想敢为的典范，他就是凭借着自己的勇气，靠着手里的2000美元，最终成为了人人艳羡的超级富豪。

20世纪60年代，印尼老牌银行基麦克默朗银行因为管理不善，到了濒临倒闭的风险。这家银行的负责人和李文正是朋友，为了让行业重新振作起来，不得不找他帮忙，希望他能够筹集和投资20万美元，并提供一笔额外的营业资金。

对于这样的请求，李文正非常动心，因为这可能是一个大好机会。但是，他当时手头上仅有2000美元的积蓄，如何筹集20万美元呢？换做其他人或许就找借口拒绝了，说什么"我手里只有2000元美金，怎么能筹集那么多钱？"或是"我从来没有受过任何有关银行业务的训练，想要经营好银行，又谈何容易？"

可李文正经过一番思考后，当机立断，决定接受这一重大挑战。他认为想让基麦克默朗银行恢复生机，就必须重新定位，找到别人没有发现的市场，而自行车行业就是很不错的市场。

当时雅加达的自行车拥有者大多都是福建籍人，他通过自己的关系，多方联络，广泛招股，拉了很多福建籍华人富翁入股，很快就筹集了20万美元。之后，李文正成为这家银行的董事，并且拥有优先认购这家银行20%股份的权利。至此，李文正便正式踏入银行界。

虽然开始困难重重，但他虚心学习，钻研业务，很快就使得银行走出困境、获得盈利。3年后，这家银行发展迅速，获得了巨额的利润。之后，李文正信心十足、雄心勃勃，决心再扩大事业，先后接手了布安那银行、泛印银行、中亚银行，使得多家银行起死回生，获得了很大的收益。尤其是中亚银行，经过李文正10年的苦心经营，成为东南亚最大的银行之一。而敢于行动，为别人之不敢为，这正是李文正取得成功的秘诀。

所以，真正阻碍你成功的不是那些所谓的借口，而是你内心的懦弱。对于一个人来说，勇气和胆量就是他迈向成功的重要品质，相反，若是没有勇气和胆量，那么他就会害怕失败，不敢进行任何尝试，即便面对绝好的机会也会因为懦弱而畏缩不前。

请战胜内心的懦弱，抛弃那些所谓的借口吧！

3.过分在乎"损失"，就会失去"可能性"

很久之前，有这样一个故事：

一个人问农夫是不是在地里种了麦子。农夫回答："没有，我担心天不下雨。"那个人又问："那你种棉花了吗？"农夫说："没有，我担心虫子吃了棉花。"

最后那个人又问："那你种了什么？"农夫说："什么也没种，我要确保安全。"

表面上农夫是为了"稳妥起见"才没有行动，可若是因为担心不下雨、担心虫子吃棉花就不播种，这是不是太可笑了呢？

其实，与其说农夫在乎"损失"，不如说他是恐惧失败。可恰是这种恐惧心理，就是我们所有人的头号敌人。因为过于恐惧，怕字当头，所以我们的行动是不积极的、不彻底的，或是干脆取消一切行动。

农夫的想法显然是错误的，不下雨、有虫子确实会影响麦子和棉花的生长和产量，可这种事情的可能性却很小，即便真的发生了，我们也可以采取积极的措施来防止损失的加大。但是若是我们从一开始就不播种，那么肯定就没有任何收获了，就连之后"损失""减少收获"的可能性都没有了。

是啊，不行动，又怎么能有其他可能呢？所以在行动前，我们不要思虑太多，更不要过分在乎"损失"，大胆地行动起来，努力地付出自己的勤劳和汗水。至于结果呢？就交给时间吧！相信时间会给我们一个满意的答复。

同样的道理，在做事的时候，我们也不要过分在乎失败，因为越是在乎失败，惧怕失败，我们可能离成功就会越来越远。

这是因为担心失败的消极心态，让我们在行动前就展现出失败者的面貌，然后通过退缩、回避等行动来避免失败。而越是如此，我们的信心越会受到严重打击，从而无法发挥出最大的潜能。即便成功的可能性很大，我们往往也会选择性地忘记这些事，反而牢牢地记住自己失败的事并深信不疑，甚至觉得自己根本无法成功，失败终究一天会到来。

可若是我们专心地做某件事情，不去管是失败还是成功，不去考虑失败的后果，这反而会大大地提高成功的可能性。这就是心理学上所说的"瓦伦达心态"，是根据一名叫瓦伦达的高空走钢索表演者的经历而命名。瓦伦达在美国非常有名，曾经表演过无数次精彩无比的高空走钢索。然而，在一次重大的表演中，他不幸失足身亡。

事后，他的妻子说："我知道这一次一定会出事，因为他上场前总是不停地说，'这次太重要了，不能失败，绝不能失败'。而以前每次成功的表演，他只想着走钢索这件事本身，而不去管这件事可能会带来的一切后果。"后来，人们就把专心致志于做事本身而不去管这件事的意义，不患得患失的心态，叫做瓦伦达心态。

之后，美国斯坦福大学的一项研究也从另一个方面证实了这种心态，比如，一个高尔夫球手击球前，若是一再告诉自己"不要把球打进水里"，他的大脑里就会浮现"球掉进水里"的情景。这时候，结果往往事与愿违，他很可能就把球打进水里了。

正因为如此，心理学家常告诫我们，不管什么时候，我们都要保持积极的心态，对自己充满信心，而不是总想着不好的事情，或是过于担忧失败和损失。等我们做到这一点，即便深陷谷底，也会慢慢地爬上来，最终达到巅峰。

迈克·帕伍艾鲁是一位出色的运动员，在大学二年级时选定了跳远运动，目标就是能够获得全美冠军。当时的全美冠军是卡尔·刘易斯，这位跳远老将已在冠军的领奖台上蝉联了65次。而当时迈克的成绩并不算好，最好成绩也不过是7.47米，与刘易斯相差甚远。他知道自己若是想要战胜刘易斯，拿到冠军的奖牌，自己就必须拼命练习。

经过多年的训练，他终于取得了不错的成绩，赢得了能够和刘易斯站在一个赛场上一决高下的机会。虽然他全力以赴，爆发了积聚多年的能量，可还是没能成功，与刘易斯只差了1厘米。

这一次他遭受了重大打击，身心都已筋疲力尽，但是此时的他心里念的想的依旧是那个冠军。他没有认输，也没有想"若是再次失败，我将怎么办？"他相信失败并不是永远的，若是自己努力训练，就一定有成功的可能。可若是自己害怕失败，不敢承担失败所造成的后果，那么恐怕连一点成功的机会都没有。

接下来日子里，他以此为信念，更加刻苦地训练，准备顽强地突破这个纪录。终于他再一次等到和刘易斯展开较量的机会，在东京国立竞技场里，刘易斯奋力一跳，跳出8.91米的好成绩，打破之前自己创下的世界纪录。一时间，全场观众欢呼雀跃，对刘易斯报以热烈的掌声。

刘易斯此时也是自信十足，认为冠军的宝座又是自己的了。可帕伍艾鲁却没有想太多，一心想要跳出最好的成绩，发挥出自己最好的水平。他使出浑身力气，奋力一跳，竟跳出8.95米的好成绩，一举击破了刘易斯不败的神话，同时也打破了曾存在了23年没人击破的世界纪录。

帕伍艾鲁成功了，虽然他经历多次失败，而正是因为他不惧失败，没有让恐惧占据自己的内心，才终于实现了自己的愿望。试想，若是他在最后一跳之前惧怕失败，考虑自己万一失败该怎么办，还能创造出如此的奇迹吗？答案显然是否定的。

我们说心态分两种，积极心态和消极心态。而心态也影响着我们的行为和事情的结果，这很大程度上也决定了我们人生的成败。

所以，不管什么时候我们都应该相信自己，保持积极的心态，然后放手去做自己想做的事情，充分发挥自己的潜能。如此一来，我们才能战胜失败，为自己迎来更大的成功。

4.不踏出这一步，你怎么知道不行？

罗曼·罗兰说："没有人能真正战胜你，也没有人能真正拯救你，除了你自己先相信自己，然后别人才会相信你。"没错，这个世界上唯一能阻碍你成功的，就是你不断怀疑自己，不相信自己真的能够获得成功。而其他那些诸如环境、机会、能力、出身等因素都不过是你内心懦弱、不敢勇往直前的借口罢了。

然而很多人都不相信自己，他们不敢尝试，时常在行动之前担心地说"万一，这一次我失败了怎么办？""我还是等一等吧！等到别人成功之后我再行动，这样一来就可以避免犯错。""我的能力不如别人，别人都没有成功，我怎么能创造奇迹呢？"

可你都没有开始行动，怎么就知道一定会失败？你都没有踏出这一步，又怎么知道自己不行呢？现实是无情的，竞争是残酷的，你不真真切切地付出行动，大胆地尝试，又怎么能搏得美好的未来，因此，哪怕某件事情存在着风险，只要成败尚未确定，我们就应该逼自己一把，亮出冲天的勇气，豁出去试一试。

一个孩子，他的父亲是一位马术师，为了生计不得不到处奔走，因此这个孩子从小就必须跟着父亲东奔西跑，从一个农场到另外一个农场。由于居无定所，没有良好的学习环境和充足的学习时间，这个孩子的学习成绩一直不好，也不受老师的欢迎。

一天，老师给全班同学布置了一个作业，让他们写出自己长大后的志愿。这个孩子因为时常和父亲到处奔波，在耳濡目染之下喜欢上了驯马，并且梦想着有一个属于自己的农场，然后养很多很多强壮的马匹，和父亲在农场上肆意地奔驰。

平时，这个孩子很少认真地完成作业，可面对这个作业他却万分认真，不仅花费一个晚上的时间洋洋洒洒地写了7张纸，描述他的伟大志愿，还仔细地画了一张农场图：一座广阔的农场上，奔驰着一群群骏马，而在农场中央则是一栋占地4000平方英尺的巨宅，这是他们一家人幸福生活的家园。

第二天，他信心满满地把这篇文章交给老师，以为老师会给自己一个"A"。谁知老师竟然给他一个又红又大的"F"，他不能理解，不知道老师为什么会给自己不及格的成绩。下课后他找到老师，询问："老师，这篇文章我写得很用心，您为什么给我'F'？"

老师看了看他，解释说："你这个志愿实在是太离谱了！你家里没有钱，又没有背景，而且你学习也不好，怎么能实现这么远大的理想？要知道，想要拥有这样大的农场，可不是一件容易的事情，你不能太好高骛远，要脚踏实地。这样吧，你如果肯重写一个实际些的志愿，我会考虑重新给你打分数。"

听了老师的话，这个孩子陷入矛盾之中，"我最大的志愿就是拥有一座属于自己的牧马农场，为什么要重新写呢？可是，若不重写的话，老师恐怕无法让我及格。我究竟应该怎么办呢？"拿不定主意的他，只能征求父亲的意见。

父亲微笑着说："孩子，这是你自己的事情，你必须自己拿定主意。"

经过一段时间的思考之后，这个孩子决定坚持自己的信念，他在心里对自己说："我的志愿就是拥有自己的农场，为什么要因为别人的意见而改变呢？而且，我都还没有尝试一下，怎么就确定无法实现呢？如果连我自己都不相信自己，那么还有谁能相信我呢？"于是，他一个字都不改原稿交回。

相信很多人都猜到结果了，是的，在很多年后，这个孩子真的拥有了200亩农场和占地4000平方英尺的豪华住宅。在农场开业这一天，他邀请了很多朋友、亲人来参观农场，包括那位老师。

所以，大胆尝试是成功的开始，能给人带来收获和喜悦，更能激发人的勇气和胆量。在成长的道路上，我们需要不断地进行尝试，不断地用行动来挑战自我。即便真的失败了，这也没有什么，至少我们战胜了自己的懦弱，证明自己是敢做敢为的勇敢者，况且，失败是成功之母，这一次失败会让我们受益匪浅，可以为下一次成功奠定良好的基础。

不要总抱怨自己为什么不成功，不要总羡慕别人为什么那么好运。若是你不能成功，无法实现自己的梦想，只能怪你自己不相信自己，没有大胆尝试的勇气和魄力。

不要被"这太难了，我根本做不到""这件事情我没有做过，我不敢做！""我没有尝试过，失败了怎么办？"这样的想法困住自己的脚步，更不要让它侵占我们的内心。否则，我们会失去做很多事情的勇气，更会失去相信自己的能力。

很多时候，人生就是我们自己和自己的较量，战胜自己，勇敢地做自己想做的事情，那么我们就会使自己脱颖而出，锋芒尽露。若是不能战胜自己，做事之前顾虑太多，或是怀疑自己不行，就只能让自己一步步走向平庸。

刚进入微软公司的时候，李开复不太自信，总不敢发表自己的意见，怕自己说错话，怕自己的意见不能得到肯定。可是他也知道，若是自己始终不发言，就永远也无法证明自己，更无法赢得老板的青睐。于是，在一次会议上，他大胆地说出了自己的想法——公司应该取消改组会议，以避免公司整天陷入改组的斗争。

结果，他的建议竟被老板接受了，还夸奖他想法独特，许多同事也都称赞他。从此李开复无论在任何场合都敢于发表自己的看法，无论做任何事都能勇敢地前行，最终走向成功。

所以，为什么不勇敢地试一试呢？做自己想做的事，勇敢地前行，这才是我们最应该去做的事情。从某种意义上讲，不敢尝试才是人生中最大的失败。

5.你缺少的不是成功的机会，而是行动的勇气

人生中，没有什么东西比机会更宝贵了，它就像闪电一样稍纵即逝，就像奇珍异宝一样难以得到。所以很少人能够抓住机会，收获人生道路上的成功，大多数人都因为没能抓住机会，不得不生活在失败的阴影之下。

可那些失败者真的是从来就没有遇到过好的机会吗？显然不是，他们失败不是因为缺少机会，而是因为缺少行动的勇气。他们想要成就一番事业，可当宝贵的机会来临时，却前怕狼后怕虎，做事犹犹豫豫，结果失去宝贵的机会；他们想要赚取巨额的财富，可是当一个赚钱的项目摆在眼前时，却害怕承担其中的风险，不断地思考"万一这个项目是个圈套，我该怎么办？这年头陷阱太多，我还是稳妥点儿好。""想拿下这个项目的人实在太多了，我未必有运气能抢到，还是免于徒劳吧。"总之，当一个机会摆在他们面前，他们却没有勇气把它拿走，不敢马上付出自己的行动。

如此一来，这样的人怎么能成功呢？即便是再好的机会，对于他们来说又有什么价值呢？

对于一个人来说，成功不仅仅需要机会，更重要的是他得有抓住机会的勇气，得有敢于冒险和行动的魄力。只要我们让自己变得勇敢起来，机会就会降临在我们头上，成功自然就会向我们招手。

莫扎特出生于音乐世家，父亲是国家剧院乐队的首席作曲家和指挥师，非常受人敬重。在父亲的熏陶下，莫扎特爱上了音乐，并且日

渐突出音乐才华，时常为学校的一些活动创作曲谱，可以说在学校小有名气。

可是，老莫扎特却觉得这些都不值得一提，每当莫扎特要求父亲向国家剧院推荐自己时，父亲都拒绝他说："你还小，只适合在学校里发挥才能，根本进不了国家剧院。"

按理说，老莫扎特在国家剧院有声望和地位，理应帮助孩子推荐作品，毕竟这对于孩子的未来发展有很大帮助，可他却始终不肯答应莫扎特的要求。而父亲越是如此，莫扎特就越想进入国家剧院，希望能找到一个进入剧院的机会。

一次，院长的女儿要在国家剧院举办个人演奏会，请求老莫扎特创作一首小步舞曲。老莫扎特花了三天时间才完成创作，然后让莫扎特送到院长家里。当时，莫扎特也正在创作曲谱，但不敢拒绝父亲的要求，只能拿着曲谱飞奔出家门。

那天，天气非常不好，刮着大风。他经过一座小桥时，恰巧一阵大风吹过，把曲谱吹到空中，然后飘落到了河里。莫扎特想立即捞起它，可为时已晚，只能焦急地站在河边。突然，他灵机一动："既然父亲的曲谱没有了，我为什么不用自己创作的曲谱代替呢？这或许就是我进入国家剧院的大好机会！"

想到此，他立即跑到附近的教堂，向牧师借了笔和纸，完成之前没有完成的曲谱。几个小时后，他就写完了全稿，经过认真地修改之后，便把这首曲子以父亲的名义交给了院长。

院长一看到这首曲子，顿时觉得耳目一新，与老莫扎特之前的风格完全不同，于是，他立即让女儿抓紧时间练习。演奏会的前一天，院长特意带着女儿拜谢老莫扎特，并且兴奋地说："这首曲子写得实在太美妙了！真是感谢你的帮助！"说完，院长还让女儿演奏给老莫扎特听。

老莫扎特一听，便说这根本不是自己写的曲子。这时，莫扎特没有办法，只好说出事情的原委。谁知老莫扎特不仅没有怪罪他，还高兴地说："我今天才知道你真是一个有才华的孩子。不过，就这件事情来说，你的勇敢比你的才华更可贵。"

此后，老莫扎特越来越支持孩子创作音乐，莫扎特的才华也日益凸显，在成就上远远超过父亲，成为世界上最著名的音乐家之一。功成名就之后，每当回想起这段经历，他总感慨地说："机会是人人都需要的，但在面对机会的时候，要看一个人有没有足够的勇气去迎接它，有勇气的人才能赢得机会，没勇气的人只能眼睁睁地看着机会从身边溜走。"

没错，很多时候有勇气才有机会，有勇气才能抓住机会，只有利用每一次机会才能实现自己的梦想，利用每一次机会改变自己的人生。勇敢是一个成功者的基本能力，随着竞争的加剧和机会的稍瞬即逝，勇气就变得更加重要了。因为只要你稍微有所迟疑，一个能改变你一生命运的绝好时机就会因此而错过。

所以，我们要培养自己的勇气，因为勇敢的人，总是能蔑视困难，勇往直前；勇敢的人，才不会在机会前面犹豫不决；勇敢的人，才不会在风险面前瞻前顾后。

婷美在女性内衣市场占有很重要的位置，而这个品牌的创建和周枫的勇气是分不开的。当时，周枫看中了女性内衣这个市场，认为若是抓住这个机会必定能成就一番事业。想到做好，打定主意之后，他立即寻找合作伙伴，开始启动这个项目。

可在项目刚刚启动时，周枫就遇到一个大困难——启动资金很快就花光了。其他合作伙伴对此都失去了信心，想要把这个项目卖掉，以便减少损失。可周枫却认为若是卖掉这么好的项目，恐怕再也找不到这么好的机会了。

随后，合作伙伴一个个撤资，周枫只能抵押房子、变卖车子，然后四处筹钱把这个项目买下来。做完这一切之后，他准备把所有的钱都用在打广告上——准备在北京打2个月的广告。这可是一个非常冒险的行为，若是失败了，他将负债累累，彻底走入低谷；可若是成功了，企业将迎来更好的发展机会。

周枫决定拼一把！他从公司账上拿出5万元钱，然后对所有员工说："咱们再拼一把吧！若是成了，我们就是胜利者；若是不成，这5万元钱就算我给大家的补偿费。"

周枫的勇气和义气感染了所有员工，他们人人都付出了加倍的努力。结果，这一波广告使得婷美一炮而红，周枫成为亿万富翁，而那些顾虑重重的合伙人则悔不当初。

的确，通往成功的道路上往往是荆棘密布、险象环生，但是对于任何人来说机会都是平等的，若是我们想要成功，证明自己的才华和价值，就必须有敢于冒风险的勇气，勇敢地迎接机会，勇敢地承担风险。否则的话，你只能与成功擦肩而过，然后遗憾地说："其实我也遇到过这样的机会，只可惜我没有勇气像他那样去做，要不，我也会成功的。"

倘若你不想成为这样的人，那么就让自己勇敢些吧！

6.时时想着稳妥些，难以有大成就

中国人做事向来讲究"稳妥"，不管做什么事情都力求安全为上，按部就班，能不冒风险就不冒风险。但是时刻想着稳妥些，真的好吗？

做事稳妥的人，确实不会冒进和蛮干，不管做什么事情都会三思而行，谨慎小心。虽然这样的行为会让他避免出错，避免遭受不必要的损失，但是实践证明，这样的人也很难突破和超越自己，成就伟大的事业，赚取巨额的财富。

这是因为财富和机会往往是和风险相伴的，越是有风险的地方就越蕴藏着难得的机遇，越能让人们获取难以想象的财富。看看历史上那些获得巨大成就和财富的人，哪一个是时刻想着稳妥的人，哪一个是不敢冒险的人？正是因为他们敢于冒险，做别人不敢做的事情，所以才能成就伟大的梦想。

洛克菲勒曾经对自己的孩子约翰说："好奇才能发现机会，冒险才能利用机会。我厌恶那些把商场视为赌场的人，但我不拒绝冒险精神，因为我懂得一个法则：风险越高，收益越大。而驰骋商海，对每一个人来说，都是生活提供给他的最伟大的历险活动。"他是一个敢于冒险的人，所以鼓励自己的孩子也要敢于冒险，因为他知道只有敢于冒险的人才能收获更多的机会。

同样，成功企业家阿曼德·哈默也有这样的看法。当有人请教他获得财富的秘密时，他总是反问一句："你敢冒险吗？"在他看来，敢于冒险就是成功必不可少的前提条件。

在一次晚宴上，一个人凑到哈默跟前请教"发家的秘诀"，哈默皱皱眉说："实际上，这没什么，你只要等待俄国爆发革命就行了，到时候打点好你的棉衣尽管去，一到了那儿，你就到政府各贸易部门转一圈，又买又卖，这些部门大概不少于二三百呢！……"

那人没等哈默说完就气呼呼地离开了，因为他觉得哈默是在耍自己——自己虚心向他请教，他却说这些有的没的。

然而这位请教者不知道的是，其实哈默的这番话正是自己发家的秘诀——20年代，哈默通过俄国的冒险之旅，获得了人生的第一笔财富。当时，哈默还是一名医生，管理父亲留下的药厂，他本可以拿着听诊器，坐在清洁的医院里，为病人们治病，然后安稳地过完一生。可是，他却厌倦了这种平淡的生活，想要创出一番大事业，实现自己的财富梦想。

为了实现自己的梦想，哈默决定前往俄国，他觉得那里可能存在着巨大的商机。可是这个想法立即遭到所有人的反对，有人甚至觉得他已经发疯了。因为当时苏联内战、外国军事干涉和封锁弄得经济萧条，怎么可能有什么商机呢？就算有商机，那里刚刚发生大革命，混乱不堪，再加上各种传染病和饥荒肆虐，是多么危险的地方啊！

可是，哈默却不在乎这些。他知道列宁领导的苏维埃政权采取了重大的决策——新经济政策，鼓励吸引外资重建苏联经济，若是自己能抓住这个绝好的机会，肯定能赚一笔大钱。于是，他不顾所有人的反对，只身来到苏联。

虽然他早就知道这里破败不堪，当亲眼看到那里的景象之后，依旧感到震惊不已——那里霍乱、伤寒等传染病流行，城市和乡村到处有无人收殓的尸体，饥饿的人们到处找食物吃……

震惊之余，精明的商人头脑告诉他：这里急需各种物质，尤其是粮食。而此时，美国粮食大丰收，价格暴跌，农民宁肯把粮食烧掉，也不愿以低价送到市场出售。哈默通过了解得知，此时苏联需要2721.6公斤的粮食才能使得乌拉尔山区的饥民度过灾荒。

正所谓，机不可失，失不再来，哈默立即与相关部门协商，希望能够从美国运粮食过来，然后换取苏联的货物——苏联的物产非常丰富，其中毛皮、白金、绿宝石都是美国人民需要的物品，且价格昂贵。很快，双方达成合作协议，哈默成为第一个在苏联经营租让企业的美国人。领导人列宁对于哈默非常重视，给了他更大的支持和特权，让他做苏联对美贸易的代理商。

就这样，哈默不仅通过交换粮食获得了大笔财富，还成为美国福特汽车公司、美国橡胶公司等三十几家公司在苏联的总代理。随着生意规模越来越大，他获得的利润也越来越多。

从此之后，哈默便把敢于冒险视为经商的首要宗旨，并且对别人说："只要值得，不惜血本也要冒险！" 1956年，58岁的哈默冒险收购即将倒闭的西方石油公司，开始进军石油领域，十几年后，西方石油公司年收入达到60亿美元的惊人数字——他的冒险又创造了一个财富奇迹。

比尔·盖茨这样说："如果一生只求平稳，从不放开自己去追逐更高的目标，从不展翅高飞，那么人生还有什么意义？"

是的，没有人能够不承担风险，就可以坐等财富找上门。你想要赚取一个亿的财富，那么就必须有冒一个亿风险的勇气。"安全第一""稳妥起见"，这些词语都应该从我们的脑海中去除，若是你时刻都想着稳妥些，奢望从安逸和安全中寻找机会，那么恐怕终其一生也难以成就大事。

当然，冒险不是鲁莽，更不是明知道前面是悬崖，却非要向前冲。敢于冒险的人，同时也是理智的人，他们知道勇气首先要建立在理性的基础之上，不顾一切地逞匹夫之勇，把自己置于悬崖边上，到头来恐怕只能是玩火自焚，不仅距离财富和成就越来越远，还可能是竹篮打水两手空空。

不妨看看哈默，他虽然敢于冒险，敢做别人不敢做的事情，但是却不蛮干——在行动之前，他联系苏联政府，得到政府、甚至列宁的支持，所以才获得了最后的成功。试想，若是他看到商机便急忙从美国运来粮食，没有与苏联政府打好招呼，恐怕结果会是另外一个样子。

7.拿出破釜沉舟的勇气，逼出自己的成功

现实生活中，很多人信奉"给自己留后路，就是给人生留机会"这样的做事哲学。他们觉得留下后路，才不致于把自己逼入绝境，才可以为自己赢得回旋的余地，这有一定的道理，然而这样的想法也可能会产生一系列的后果：

当他们遇到困难的时候，不拼尽全力，会更容易选择退缩和改变方向。因为他们会想：反正还有一条后路可以走嘛，为什么非要把自己弄得筋疲力尽、头破血流呢！

当他们完成某项任务的时候，能偷懒就偷懒，不会逼自己做到极致，更不会逼着自己太紧。因为他们会想：反正还有一条后路可以走，为什么非要为难自己呢！

因为有后路，所以不用太拼命；因为有后路，所以不必太较真；因为有后路，所以不必破釜沉舟。而也是恰恰因为有了后路，所以他们错过了一个又一个机会，放弃了一个又一个目标，最终什么事情都没有完成，只能以失败收场。换一句话说，就是他们的人生恰好让自己给自己留的后路葬送了。

所以，一个人若是不想平庸，想要彻底改变自己的命运，那么就应该避免给自己留后路，而是让自己拥有破釜沉舟的勇气。当机会摆在面前的时候，要不惜一切代价去抓住它，勇往直前，毫无顾虑地奔向成功。就算没有机会，也要千方百计地为自己创造机会。

更何况，对于很多人来说，这一辈子或许只有一次放手一搏的

机会，若是坐等着这个机会从身边溜走，恐怕就只能在年老的时候哀叹："如果当初不给自己留退路，而是选择破釜沉舟，我这一生可能就不会碌碌无为了。"

她是一个普通的女孩，高考失利后来到厦门打工。由于文化水平不高，她只能从普通的文员做起，做着最基本、最普通的工作。不过，她并不甘心平庸，通过积极的学习和努力，再加上工作的激情，很快成为一名出色的市场部销售员。

之后仅仅不到半年的时间，她就又凭借着出色的业绩，被提拔为业务部经理。很多人都惊讶于她的成长，可她却笑着说："全力以赴，你会发现，没有什么做不到的。"

两年后，正当她事业蒸蒸日上之时，她却选择了辞职，和朋友一起回到武汉，开始了创业之旅。很多人都劝她不要太冲动，应该给自己留一条后路，可是她却不以为然，在她看来，只有敢闯敢做才能成就一番事业，若是瞻前顾后、犹犹豫豫，恐怕只能毫无作为。

就这样，她开始筹集资金，经过详细分析之后，她认为投身保险是非常可行的。虽然人们的保险意识并不强，但是这恰好说明前途好、市场大，一旦打开市场就能够快速地筹集到资金。两年的时间，她凭借自己的真诚、热情，赢得了很多客户的信任和喜欢，如愿以偿地积累了十几万元资金。

同时，她的闯劲和热情也让她遇到生命中的一个贵人，这个贵人为她投资一家广告公司，并且把公司交给她全权管理。为了更好地经营公司，她一边工作一边不断进行充电，学习广告学和管理学。然而，经营公司并不是一件容易的事情，由于缺少经验，公司每天都在亏损。

面对如此大的压力，她感觉有些挺不住了，甚至产生了放弃的念头。可是，她又转念一想："我就这样放弃吗？好不容易走上创业的道路，难道就轻易放弃吗？这样一来，我怎么对得起自己，又怎么对得起为自己投资的贵人？与其就这么半途而废，我还不如放手一搏，或许还有成功的可能！"

她决定破釜沉舟，把自己的全部积蓄都投入到公司，进行最后一搏。结果，她终于成功了，在她的努力下公司拿下一个大客户，并且签订了长期的合作协议。之后，一个个合作协议随之而来，公司也步入正轨。

几年后，她又成立了属于自己的广告公司，终于有了属于自己的事业。这时，她说："成功的道路并不好走，关键在于你是否能够有义无反顾的精神。选好了道路就要义无反顾地走下去，不给自己留后路，如此才能获得真正的成功。"

一个能够取得成功的人，绝不会给自己留退路，而是逼着自己必须成功。因为只有这样，他才能全力以赴，把本来就少有的机会变成实实在在的成功。其实，这样做的目的就是为了给自己施压，激发出自己全部的潜力，逼迫自己在财富的路上奋力前行。

可事实上，很多人却往往缺少这样的魄力，因为他们知道若是破釜沉舟的话，一旦不成功，自己就会一败涂地，甚至再也没有翻身的机会。所以，他们会害怕、恐惧，会唯唯诺诺、犹豫不决。

俗话说："撑死胆大的，饿死胆小的。"所以，在通向成功的道路上，虽然满是荆棘、泥泞，虽然会充满了艰辛和苦难，但是我们要明白，退路少就意味着出路多，退路多就意味着出路少。虽然破釜沉舟很难做到，但我们还是应该逼自己一把，当遇到机会的时候，不妨抛弃懦弱和犹豫，勇敢地做出决定，拼尽全力去做自己所能做的一切，如此生活才能更加精彩，人生才能与众不同。

8.野心还是要有的，万一实现了呢?

一个人的成功与否，往往与其内心渴望的大小和强烈程度有紧密关系。也就是说，一个人是平庸还是辉煌，是成功还是失败，在很大程度上取决于他内心的渴望。内心渴望越强烈，那么他获得成功，成就辉煌的可能性就越大；相反，内心渴望越微弱，那么他沦为失败者、平庸者的几率就会越大。

这里的内心渴望就是我们所说的野心。换句话说就是，一个人最终取得的人生高度，是平庸还是辉煌，很大程度上取决于"野心"的有无；一个人最终平庸与辉煌的程度，则取决于"野心"的大小。美国《时代》杂志加拿大版就曾经刊出这样一个消息：美国加利福尼亚大学的心理学家迪安·斯曼特研究发现，野心是人类行为的推动力，人类通过自身野心，可以攫取更多的资源。

仔细观察我们身边的人，你就会发现，条件相同、面对同样机遇的两个人，倘若一个有很大的野心，一个则胸无大志，那么他们的行为方式就会有很大不同。野心大的人，会不断提升自己，千方百计地抓住眼前的机会，然后拼尽全力。但是胸无大志的人，则随性、懒惰，缺乏做事的激情，甚至恐惧做出改变。自然，这两个人的结果也是截然不同。

所以说，缺乏野心是非常危险的事情。试想，若是一个人连想得到某个事物、想做成某件事的勇气都没有，又能做成什么事情呢？不要说成功，这样的人就连输的资格都没有。

　　他是一个出生于美国贫民窟的孩子，从小就过着艰苦的生活，不得不跟随着母亲到处打工，学着养活自己。可正是这样的环境，让他磨炼了自己的意志，并且发誓一定要出人头地，摆脱这样苦难的生活。就这样，野心在这个孩子的内心萌发，并且越来越强烈。

　　很快，这个孩子长大成人，一次他参加某个企业的招聘会时，面试官按照惯例询问他："你来我们公司最想干些什么？"

　　他自信地回答："我最想做的，就是早日坐上你现在的位子。"

　　所有人都觉得他狂妄而不自知，面试官也哑然失笑。但是看到他认真的神情，便也开始相信他的信心、佩服他的勇气，最后决定录取他。进入这家公司后，他付出了全部的热情，只要接到什么任务就不顾一切地向前冲。很快，他在所有员工中脱颖而出，成为表现最出色的人。经过十几年的努力，他坐上了这家公司总经理的位置，使得该企业业绩一路飙升，成为业内的领军企业。他实现了自己的野心！

　　做人一定要有野心，野心就是目标，就是理想，就是梦想，就是行动的动力！野心就代表着大无畏、大奋斗、大前途。"不想当元帅的士兵，就不是好士兵"，拿破仑的这句话正是对"野心"最好的说明。同时，野心还可以激发你的信心和潜力，让你对未来的目标产生坚定感，让你知其难而拼尽全力。

　　英国著名作家培根有过这样一个绝妙的比喻："野心如同人体中的胆汁，是一种促人奋发行动的体液；而没有野心的武将，也就如同没有鞭策的马，是跑不快的。"这句话说得一点儿都没错。野心，从某种角度上来说就是一种心态，一种积极进取的心态，一种不甘命运摆布的心态。这种心态就是我们行动的力量，就是激发我们勇气的根本。

　　很多年前，芝加哥发生一场非常大的火灾，斯泰特大街上有很多商人的店铺一夜之间都化为灰烬，遭受巨大的损失。面对这样的悲剧，很多人悲愤不已，可是他们也知道自己不能陷入长久的悲痛之中，因为自己必须考虑一个问题，那就是究竟是离开芝加哥，到更有前途的地方另起炉灶，还是选择留下来，在原址上进行重建。

　　结果绝大部分人选择离开，因为重建需要付出的代价实在太大了。然而，有一个人却做出了不一样的选择，他决定留下重建生意，并且信誓旦旦地说："先生们，我是不会离开的。我要在这个地方建成世界上最大、生意最火爆的商店。不管再发生多少次火灾，我也不会动摇自己的想法！"

　　很多人都说他疯了，这里已经成为一片废墟，重建岂不是花费更多的资金！可是凭借着这份野心，这位商人竟然成功了！他的商店很快就建成了，并且成为美国十分出名的百货公司之一。直到今天，这座百货公司依旧生意兴隆，它就像一座纪念碑一样，象征着商人对于梦想的渴望和野心。

　　这位商人就是时尚百货之祖马歇尔·菲尔德。

　　面对巨大的灾难，最容易的做法就是像其他商人一样，选择离开那里，另起炉灶。可马歇尔·菲尔德却比别人更具有野心，他渴望追求财富，渴望实现自己的梦想，自然这也激发出他必胜的信念和加倍的激情。正是因为如此，他才能在废墟上创造奇迹，成就了他几百亿资产的财富梦想。

　　野心，就是马歇尔·菲尔德与其他商人之间的不同，恰恰是这个不同造就了成功与失败，富有与贫穷。当然，仅仅有野心还是不够的，不管做什么事情，你的能力、才华、努力都得配得上你的野心，因为这个世界上最痛苦的事情就是能力、努力配不上自己的野心勃勃。

　　若是欲望太大，能力太小，我们就会陷入求而不得的痛苦之中。比如金庸武侠小说《天龙八部》的慕容复，他野心勃勃，想要光复大燕王国的辉煌，结果能力不够、才华太低，最终只落得疯癫的下场。现实生活也是如此，若是我们野心太大，能力太小，那么欲望就会成为伤害自己的一种方式，不仅一事无成，还会满身伤痕。

　　另外，若是野心太大，努力太少，我们就会陷入空谈之中。努力是获得成功的唯一途径，平时努力不够，习惯了懒散、懈怠，习惯了抱怨连连，我们就会陷入无尽的焦虑之中。

　　所以，我们要有野心，并且静下心努力，不断提升自己的能力，让自己的努力和能力都配得上自己的野心。如此一来，我门才能成就非凡的事业。

9.做你害怕的事，直到成功为止

恐惧是一种常见的心理，人人都可能因为某个人或某件事情产生恐惧情绪。比如：有人对黑暗充满恐惧，一到黑夜就会坐立不安；有的人对密闭空间有强烈的恐惧，一旦进入就会惊慌失措，有一种想要逃离的冲动和欲望。还有人恐高、恐水、恐蛇类爬行动物……

事实上，人们之所以产生恐惧心理，是因为对面前的事物和环境不了解，不知道其中蕴藏着什么样的危险，不知道如何去面对，不知道自己是否能够承担因此造成的结果。正因为如此，很多人会选择逃避，或是原地等待、观望，以避免让自己陷入困境、危险之中。可往往越是无法面对恐惧，我们的内心就越懦弱，越无法战胜自己和任何事情。

对于风险的恐惧也是如此。通常成功的道路都是未知的、充满风险的，所以很多人恐惧不已，不敢做出冒险的行为。虽然他们知道前方可能有好的机遇，而这机遇可以给自己带来巨大的收获，但是恐惧却让他们犹豫不决，不敢越雷池一步。在他们看来，现在的状况虽然不太如意，但毕竟是安全的，可以掌握的。可若是冒险的话，它不一定会给自己带来巨大的成功，还可能让自己陷入深渊之中。

所以，多数人会选择规避风险，不愿意冒着失败的风险，去做出更多的尝试。结果，他们不仅失去了冒险的勇气和绝好的机遇，还让自己失去了更加精彩的人生。

一家保险公司为提高新晋员工的能力，激发他们的工作热情，特意请来一流的心理学家、教授、业务高手为他们进行岗前培训。3个月后，培训圆满完成，公司高层满以为这些新员工一定能投入全部的热情去工作，并且给公司带来巨额的经济效益。

可令人意外的是，没过几个月，大部分员工就选择了辞职，只有少部分人留了下来。公司高层百思不得其解，最后一位心理学家给出了答案：经过培训之后，员工们的业务水平得到提高，可是过度强调市场竞争激烈却会加大他们对于未知行业的恐惧。这种恐惧感让一些人患得患失，对自己失去信心，一旦在实际工作中遭到客户的拒绝，就会越来越恐惧，越来越没有信心。

而那些坚持下来的员工，他们内心也充满恐惧，但是却敢于战胜自我、突破自我。事实证明，这些坚持下来的人也充分发挥了自己的价值，迅速成为行业的佼佼者，做出了非常突出的成绩。

由此可见，这个世界永远属于那些勇敢者，因为他们能够克服自己的恐惧心理，大胆地做别人不敢做的事情，做自己害怕的事情。

很多时候，不是成功不青睐我们，而是我们不敢选择通向成功的那条路，不敢尝试隐藏在成功背后的那个机遇。所以，我们要告诉自己：即便有恐惧心理也没什么大不了的，任何人都有恐惧心理，只要我们能够让自己的内心强大起来，战胜恐惧，那么就可以在挑战和冒险中拼搏出一块立足之地。

罗斯福曾说过："每天做一件自己害怕的事。"战胜自己的恐惧心理，你就可以抓住机遇，赢得财富；相反，若是你被怯懦和恐惧占据了内心，就永远也走不出贫穷的困境。

有一本书的名字非常长，但却告诉我们一个深刻的道理，它就是《不要和鲨鱼接吻，但要和勇敢一起睡觉：每天做一件自己害怕的事，让你每一天都比昨天更勇敢！》，作者是诺艾儿·汉考克。

在诺艾儿·汉考克29岁的时候，接到了公司裁员的通知，这个晴天霹雳让她悲伤不已，并且因为这件事使她灰心颓废了好几个星期。后来，她在一家咖啡馆的布告栏上看到一句话——每天做一件自己害怕的事，就是这句话让她做出了彻底的改变。

之前，她不敢发表自己的意见，因为担心别人笑话自己的意见很愚蠢；她不敢在同事面前发言，因为担心会得罪别人；她不敢提出辞职，因为觉得工作实在太难找了；她甚至不敢和跳蚤市场的老板讨价还价，因为怕遭到拒绝而尴尬……就是因为她不敢做的事情实在太多太多了，所以失去了很多很多机会，并且让自己越来越平庸，从而落得被裁员的后果。

后来，她决定做出改变，直接挑战内心的恐惧，每天都做一件自己害怕的事情。结果，在不断挑战自己的过程中，她获得了自信和快乐，生活也越来越幸福。

所以说，生命是一个历练的过程，需要勇敢地突破与探寻。就像破茧成蝶的毛毛虫，若没有勇气挣脱旧日的茧，便永远不能化为美丽的蝴蝶，展开翅膀飞翔蓝天。我们若是想让人生迈向一个全新的高度，就应该有足够的勇气，战胜内心的恐惧，不断地挑战自己。

别让恐惧阻挡了你前进的步伐，勇敢地去做那些你害怕做的事情，勇敢地去尝试那些令你恐惧的事物，直到成功为止。唯有如此，我们才能迎来真正的成长和蜕变，并且在不断的蜕变之中迎来灿烂辉煌的明天！

第五章 成功就是——拳打"拖延"，脚踢"懒癌"

DIWUZHANG

拖延与懒惰从来都是一对形影不离的"好兄弟"，有些事情明明前天就该完成，他却非要拖延到后天——这几乎是所有懒惰之人的共同特征。

毫无疑问，这种习惯不仅非常恶劣，而且还具有长期的危险性，因为拖延一旦开始就很难停下来，慢慢地就会变成一种习惯，很难改变，从而一步步让人失去了宝贵的上进心。一个人如果想要获得成功，最首要的，就是要远离懒惰和拖延。

1.在自我欺骗中，越"拖"越废

清晨6点钟，手机的闹钟准时响起优美的旋律，被窝里的你又开始了一如既往的思想斗争：前一天明明已经制订好了学习计划，时间甚至精确到了分钟，闹钟就是吹响的冲锋号，是时候行动起来了！——"再躺一会儿，就躺一小会儿。"脑海中又响起了那个熟悉的声音……结果，在这来来回回的犹豫和磨蹭中，时间一点点地溜走了。相信每天都会经历这种情景的人绝对不少。

很多时候，我们之所以无法摆脱"拖延症"，其实是因为骨子里的惰性。休息当然比努力要舒服得多，这是人尽皆知的道理，但有的人就能够战胜自己的惰性，采取主动行为，勇于接受挑战。

而另一些人呢，却无法这么果断，他们总是在主动和懒惰间摇摆不定，将很多时间都浪费在了"拖延"上。为了能让自己过得更舒服些，那些懒惰的人总能为自己找个心安理得的借口，在需要付出劳动或做出选择时尤其如此。

相信大家都听过寒号鸟的故事，说是山脚下有一堵石崖，崖上有一道缝，寒号鸟懒得做巢，就把这道缝当作自己的窝，住在里面。旁边有一棵大杨树，一只喜鹊在树上做了窝，跟寒号鸟成了邻居。

到了秋天，风卷残叶，眼看着气温一天冷过一天，冬天快要到了。

这一天，天气晴朗，喜鹊一早飞出去，东寻西找，衔回来一些枯枝，忙着加固鸟巢，然后储存过冬的食物，准备过冬。

而它的邻居寒号鸟却整天飞出去玩，累了就回来睡觉，一副悠然自得的样子。

喜鹊说："寒号鸟，别睡觉了，天气这么好，赶快垒窝找食物吧，等到了冬天，都找不到了。"

寒号鸟躺在崖缝里，一副不以为然的样子，对喜鹊说："你不要吵，太阳这么好，正好睡觉，我睡醒了就去找树枝和食物。"

就这样时间一天天过去，每天寒号鸟都用同样的话来敷衍喜鹊的劝说。

一转眼，冬天说到就到了，寒风呼呼地刮着，喜鹊住在温暖的窝里，寒号鸟在崖缝里冻得直打哆嗦，悲哀地叫着："哆罗罗，哆罗罗，寒风冻死我，明天就垒窝。"

第二天清早，风停了，太阳暖烘烘的。喜鹊又对寒号鸟说："趁着天气好，赶快去找些树枝垒窝吧。"可这时的寒号鸟忘了头天夜里的寒冷，伸伸懒腰，说道："时间还早，我昨晚没睡好，让我补补觉再出去干活。"

就这样，时间一天天过去，每天寒号鸟都这样拖延着，转眼就到了寒冬腊月，大雪纷飞，漫山遍野一片白色，北风冷得像刀子一样，河里的水都结了冰，崖缝里冷得像冰窖。

就在这严寒的冬夜里，喜鹊躺在温暖的窝里熟睡，寒号鸟却发出最后的哀号："哆罗罗，哆罗罗，寒风冻死我，明天就垒窝。"

然而，上天没有再给寒号鸟哪怕一天的机会，第二天早上，阳光普照大地，喜鹊发现，对面那只可怜的寒号鸟在半夜里冻死了。

这个故事的道理非常简单，然而现实生活中，却有无数的人在不知不觉中成了一只只寒号鸟，无论是早上的赖床，还是考试前一天拖一天地不愿看书学习，都是面对人生目标时的迟疑和自我麻醉，他们在一次又一次的拖延时，其实都可以看到那只寒号鸟的影子。

保罗在现实生活中就是不折不扣的寒号鸟，他一辈子一事无成，懒惰无比，又热衷于推脱责任。在他60岁的这天夜里，一觉醒来，他忽然看到了天使，天使告诉他，在人间的时间已经不多了，他马上要迎接自己的死亡，到另一个世界去。

"能不能再给我一天的时间！我还有很多未完成的梦想，还有许多想要见到的人！"保罗苦苦哀求道。

天使冷冷地回答道："对不起，我不能答应你，因为这一切都给你留了足够的时间让你去做，只是现在你才想到了珍惜。我这有你的人生备忘录，你可以自己来看看：在你60年的时间里，三分之一的时间在睡懒觉；剩下的几十年，除去儿时的懵懂时期，你每天无所事事，不停地抱怨时间过得太慢，达10000次之多；上学时，你拖延作业，逃学；成人后，你工作上因为拖延耽误了大好前程，你的业余时间都用来打牌、下棋、看电视、上网、玩游戏和煲电话粥，整天都在虚度光阴。"

听到天使这样说，保罗满头冷汗涔涔而下。

而天使并没有因此停下，接着说道："根据记录，你这一生因拖延而浪费的时间大约有38000小时，约合1600天；因为没有明确的人生目标和行动目标，你常常发呆、埋怨、责怪别人、找借口、推卸责任；你工作时热衷于开小差和偷懒，经常在上班时间睡觉，因此你的睡眠时间远超过其他人，足足超过了20多年。除此之外，你那些纯粹打发无聊的应酬时间，还都没有算在里面，其实，这一辈子你因为拖延而浪费的时间实在是太多太多了，你已经没有哪怕一秒钟的时间可以透支了，请跟我走吧……"

这真的是一个很可怕的账单，因为我们很多人都是在这样拖延时间，浪费生命。我们不妨自我反省一下，自己是不是那个站在天使面前满头冷汗的保罗呢？

心理学家威廉·詹姆斯说过："种下行动就会收获习惯，种下习惯便会收获性格，种下性格便会收获命运。"一个人的行动可以形成一种习惯，而习惯在潜移默化之中，往往就决定了一个人的命运。

我们不能决定前方的路，但我们可以改变自己对待时间的态度。高尔基的《海燕》中有这样一段：海燕勇敢地展开双翅搏击风雨，从而获得了生命的力量，而那些企鹅、海鸭只是一味地躲避，最终也只能战战兢兢地度过，生命就只能在这种拖延与躲避中慢慢消失了。

生活中有着太多的酸甜苦辣让我们品尝，只有勇于行动的人，才能在其中体会到各自滋味，我们不能去增长生命的长度，但可以拓宽生命的宽度，行动的勇者会领略更多的风景，而那些热衷于拖延的弱者，只能像个"套中人"一样躲在自己的空间中完成自己的一生。

2. "懒癌"君附体，成功再见！

据说在哈佛大学图书馆里流传着很多名言，其中一条是：Never put things you can deal just now to tomorrow（勿将今日之事拖延至明日）。这其实就是我们常说的"今日事今日毕"，即不把任何今天的问题和任务拖到明天去。

然而现实生活中，能做到这一点的人太少太少了，因为惰性而产生的拖延时时刻刻都发生在我们的身上：早上睡不醒，睡醒起不来，起床后又什么事也不想干，能拖到明天的事今天坚决不做，能推给别人的事自己坚决不做……

因此有人说："懒惰"就像癌症，每个人的一生都有可能会遭遇这个可怕的病症，那些身体内有着"勤奋因子"的人，可以在这可怕的"懒癌"面前做到水火不侵。而那些不幸被"懒癌"击败的人，则会陷入万劫不复的境地，许多本来可以做到的事，都会因为无法摆脱"懒癌"的纠缠，而一次又一次地错过成功的机会。

我们不妨来看看一只"懒癌"附体的青蛙所经历的故事。

在一个池塘边生活着两只青蛙，一绿一黄。绿青蛙经常到稻田里觅食害虫，黄青蛙却经常悠闲地躲在路边的草丛中闭目养神，如果有虫子飞过来，就吃几只，有时候一天都碰不到一只倒霉的虫子，于是就饿一天肚子。

有一天绿青蛙对黄青蛙说："你看你饱一顿饥一顿的，而且在这路边也太危险了，搬来跟我住吧！到田里来，每天都可以抓到很多虫子，不但可以填饱肚子，还能为庄稼除害，而且也不像在这路边车来车往的有危险。"

路边的黄青蛙不耐烦地说："我已经习惯了这样的日子，挺舒坦的啊，干嘛要费神地搬到田里去抓虫子？我懒得动！况且，路边一样也有昆虫吃。"

绿青蛙无可奈何地走了，几天后，它又去探望路边的伙伴，却发现路边的黄青蛙已被车子轧死了，悲惨地暴尸在马路上。

虽然这只是一则小故事，但我们不妨来反思一下自己：当现实生活中我们因为种种原因选择了懒惰、拖延的时候，我们真的就不会受到惩罚吗？

也许很多时候我们确实可以利用某些手段逃过惩罚，然后心安理得的继续过着自己的生活，但那毕竟都是暂时的，随着时间的推移，那些不正确的选择，必然会对你的人生之路产生微妙的影响，这些影响积累下来，在潜移默化之中，就会对你的人生轨迹发生巨大的改变，当这一切最终导致的严重后果显现出来时，往往已是悔之晚矣。

当然，这个过程有时候很短，有时候会很长，这也是那些拖延者、懒惰者为自己找到侥幸心理和理由的原因，然而所有的侥幸心理都是掩耳盗铃，最终的后果就在那里等着他们，这个道理永远都不会变。

很多灾难与不测都是因为我们的懒惰和一些不良习惯造成的，举手之劳的事情却不愿为之，尽管眼前可能看起来没什么影响，但是最终注定要为此付出沉重的代价。

两只青蛙的小故事其实是在告诉人们，因为懒惰或者是一些不良习惯欠下的债，迟早都是要还的，没有人能躲得过。同样简单的道理就存在于我们的生活中，存在于我们每个人的身边。

那些蹉跎一生到白头的人们，大都是因为年轻的时候没有把握好自己的生命，"懒癌"缠身，在人生的道路上做出了错误的选择，最终没有人能逃过失败的结果。因为人生其实就像一本账，付出与收获总是处于一种"收支平衡"的状态，付出的多，便收获的多，付出的少，自然收获的也少。任何想要少付出多收获的想法，都是一种对生命和时间的透支，而任何透支到了最后，终究躲不过算账的那一天，这是人生的法则，也是这个世界的法则。

人的一生都在付出与得到，付出的是努力，得到的是收获。童年时的我们付出汗水，得到成长；付出刻苦学习，得到知识。青年时的我们付出追求，得到爱情；付出执着，得到事业。我们的父母付出辛勤，得到爱的结晶；付出心血，得到亲情。

同样的道理，如果在该付出努力的时候你用懒惰去敷衍，该付出追求的时候你用欺骗去应付，该付出辛勤的时候你用逃避去对待，那么，你欠下的这些账，生活都会条条不漏的记录下来，当那些勇于付出的人享受生活慷慨的回报的时候，你面对的，是因懒惰而被生活无情的对待。懒惰就如同癌症，它足以影响到一个人人生的走向，以及生命的质量。每一个人都要牢记这个道理，不要吝啬自己的付出，每当想要偷懒逃避或者作恶的时候，一定要提醒自己，不要忘记自己的债主——生活，它自始至终都会陪伴我们，监督我们，并且在适当的时候，回报或者惩罚我们。

正所谓"成事在勤，谋事忌惰。"，我们一定要时刻提醒自己：人生短暂，懒惰就如同自杀。懒惰的人最最缺乏的是行动，一个有责任感有担当的人不可能患上"懒癌"，更不可能去逃避应有的压力和劳动，而是善于从压力和辛勤劳动中寻找快乐，制造快乐。这种在劳动和付出中获取的快乐并不同于简单的快乐，而是一种发自内心的快乐和幸福感，无可替代。

3.不要把精力浪费在寻找借口上

当你因为犯了错误而受到老师的批评时，有没有给自己找过借口呢？

"因为路上人多堵车所以我迟到了！"

"因为他先动手打我，所以我才会打他的！"

"因为昨天有事，所以作业没写完"……

这一个个的理由你熟悉吗？是不是你都曾经用到过呢？很多人在经历失败，或是遭遇批评和质疑的时候，总是会找各种借口告诉别人，他们害怕承担错误，担心被人嘲笑，或是想得到暂时的解脱。

可是，他也许不知道，借口是一剂毒品，让你一次又一次地去品尝它，逐渐侵蚀你的心智，如果你有时间去为自己找借口，作解释，那么不如用你的行动来向改正错误。

有一对出身贫寒的兄弟，平日里靠拾废品为生。

一天，兄弟两人依然像从前那样，沿着一条熟悉的街道去捡废品。不过，这条偌大的道路，并没有什么大件的物品，有的也只是一些零散的小铁钉。

弟弟看到小铁钉，不屑一顾，说："几个小铁钉能值多少钱啊？"他一脸的丧气，不愿意捡拾。哥哥却不嫌弃，他弯下腰一个个地拾了起来，当走到街尾的时候，他差不多捡了满满一口袋的铁钉。两个人继续往前走，兄弟俩人几乎同时发现了一家新开的收购店，店门口挂着一个大牌子，上面写道：高价回收一寸长的旧铁钉。

哥哥拿着一口袋的铁钉换回了一大把的钞票，弟弟看在眼里却也无可奈何。店主问："在过来的路上，难道你一个铁钉都没看到吗？"

弟弟沮丧地说："我看到了，可是那小铁钉很不起眼，我没想到一路上会有那么多，更没想到它们竟然能够换来这么多钱。等到我想要去捡的时候，铁钉都被哥哥捡光了。"

人生在世，不可能总是一帆风顺的，总会遇到一些这样那样的失误，如果这时，你把时间浪费在无用的解释上，浪费在无用的借口上，你还会有时间去找到正确的路吗？"胜败乃兵家常事"哪怕你失误了，也没有必要找借口，因为你的行动会帮你证明一切。

"贵行不贵言"是一条为人处世的原则，要嘴皮子的人圆滑，不厚道，倘若能知亦能行，让知与行统一起来的人，才值得人们敬佩。孔子见太祖后稷庙堂前，有一个金人，金人的口上有三道封条，背上有一道铭文："古之慎言人也"。这是周公劝人谨言慎行，处世小心的嘱托，多说话就会多惹事，惹事多了就会多灾，多灾后就会有更多的悔恨，恨自己说话太多。

深秋时节，雨一连下了好几天，有个年轻人在院子里被雨淋得湿透了，但他似乎没有察觉到这些，他只是一腔怒气地仰天大喊："老天爷！我恨你！你已经连续下了几天的雨了，你没看见我的屋顶漏了，粮食发霉了，柴火湿了，衣服也没得换了吗？你让我怎么活下去啊？我诅咒你……"年轻人怒骂了很久，但心中的怨气仍然未消。不过，老天并没有什么反应，雨还是不停地下。

这时候，有位智者路过年轻人的家，看到眼前这一切，便对他说："你湿淋淋地站在雨中咒骂老天，难道过两天，下雨的龙王会被你气死，再也不下雨了吗？"

年轻人气呼呼地说："它才不会生气呢！它根本就听不见我骂它，就算我骂了也没什么关系。"

"你明知道骂老天没有用，为何还在这里做蠢事呢？"

"……"年轻人哑口无言。

智者说："你与其在这里浪费气力怨天尤人，不如撑起一把伞去把屋顶修好，到邻居家借一些柴，把粮食和衣服烘干！

"我们生活在行动中，而不是生活在岁月里。"要改变生活的境遇，首先就要行动起来，这是最快最有效的方法。美国成功学家格兰特纳曾经说过："如果你有自己系鞋带的能力，你就有上天摘星的机会！"也就是说，如果我们有时间去解释误会，报怨生活的话，还不如马上行动起来，人永远不要为自己的错误辩护，因为再美妙的借口也于事无补！

成功的人永远在寻找方法，失败的人永远在寻找借口！所以当你想要解释什么的时候，看看表针，它在不停地飞转，如果你的语言过多的话，生命的时间便会随之减少，成功的机会也就越来越少。

当你珍惜每一秒，用行动来代替解释的时候，就离成功不远了！

4.抓住今天，自然赢得明天

明代文人文嘉曾经在自己的《今日吟》中写道："今日复今日，今日何其少！今日又不为，此事何时了？人生百年几今日，今日不为真可惜！若言姑待明朝至，明朝又有明朝事；为君聊赋《今日》诗，努力请从今日始！"

这首诗反映了古人对于时间以及奋斗的理解，抓住今天，才算是抓住了时间，只有踏踏实实的利用每一个"今天"去努力拼搏，我们才能说是掌控了自己的生命。

我们身处这个快节奏的信息时代，对待时间一定要有一种紧迫意识。如果我们不抓紧时间去拼搏，一定会被这个飞速发展的时代所淘汰。抓紧时间去拼搏奋斗，不放弃一分一秒，不忽视一时一日。如果轻易放过了这一分钟，就会在无意中丢失那一小时；放过了"今天"，就意味着要输在"明天"。

对于人生来说，时间如白驹过隙，稍纵即逝，能否抓住时间用于实现梦想，决定着人生所能达到的宽度和高度。东晋著名诗人陶渊明可谓成就非凡，却仍在诗中告诫人们："盛年不重来，一日难再晨；及时当勉励，岁月不待人。"

纵观古今中外，那些能成就一番事业的人，他们的成功无不来自于对时间的珍惜和有效利用。我们必须明白的一个道理就是：今天的生活状态并不是由今天来决定，而是由过去的生活目标所决定，明天的生活状态也不是由未来决定的，而是我们今天生活的结果所决定的。

因此，要想把握明天，就必须要抓住今天，要把每一个"今天"都充分利用，只有做到了这一点，我们才能说自己把握住了自己的生命。

在一座山上的寺庙里，有一个小和尚，每天早上负责清扫寺院里的落叶。深秋季节，清晨起床扫落叶实在是一件苦差事，每一次起风时，树叶总是随风飞舞，落得寺院里到处都是，因此，每天早上都需要花费许多时间才能清扫完这些树叶，这让小和尚头痛不已。

小和尚一直想要找个好办法让自己轻松些，后来有个和尚跟他说："你在每天早上打扫之前先用力摇树，把落叶统统摇下来，这样第二天就可以不用扫落叶了。"小和尚觉得这是个好办法，于是隔天他起了个大早，使劲地猛摇树，他想这样就可以把今天跟明天的落叶一次扫干净了。

这一整天小和尚都非常开心。到了第二天早上，小和尚起床跑到院子里一看，顿时傻眼了，院子里如往日一样满地落叶。老和尚走了过来，对小和尚说："傻孩子，无论你今天怎么用力，明天的落叶还是会飘下来。"

小和尚终于明白了，明天的事情是没有办法提前去掌控的，唯有今天才是我们能够把握的，认真把握每一个今天，其实就是对明天的一种掌控，这才是最真实的人生态度。

认真把握"今天"是一种全身心地投入人生的生活方式。当你把握住了今天，而没有过去拖在你后面，也没有未来拉着你往前时，你全部的能量都集中在这一时刻，生命就会因此具有一种强烈的能量。

对于人生和奋斗来说，真正的满足不是在"明天"，而在于"今天"，那些想追求的目标和梦想，不必费心等到以后，现在努力就可以拥有。假若你时时刻刻都将力气耗费在未知的未来，却对眼前的一切视若无睹，你永远也不会得到成功和快乐。

一位作家这样说过："当你存心寻找快乐的时候，往往找不到，唯有让自己活在'现在'，全神贯注于周围的事物，快乐便会不请自来。"或许人生的意义，不过是嗅嗅身旁每一朵盛开的鲜花，享受一路走来的点点滴滴而已。毕竟，昨日已成历史，明日尚不可知，只有"今天"才是上天赐予我们最好的礼物。

许多人希望着眼于"明天"，喜欢预支明天的烦恼，或者是早一步规划未来的成功。殊不知，即便明天有烦恼，在今天你也是无法解决的，而未来的成功也不可能提前得到，每一天都有每一天的人生功课要做，一个人能够把握的只有今天而已，努力做好今天的功课再说吧！

每天早上醒来，我们不妨给自己提出如下问题：我今天的目标是什么？我今天要完成的任务是什么？我今天最重要的三件事是什么？我今天准备学到哪些新东西？我今天准备在哪些方面进步一点点？我今天如何做才能更加快乐？

而每一天结束的时候，我们也要在心中问自己：我今天是否完成了小目标？我今天是否距离自己的梦想又近了一步？我今天又学到了些什么？我今天在哪些方面还做得不够好？我如何才能做得更好？我明天的目标是什么？只有做到这些，我们才能说，自己把握住了今天。

每一个人的梦想都不同，每一个人心中规划的未来图景都有着各自不同的差异。但是如果我们更加细致的观察每一位成功人士的奋斗历程，就会发现，他们实现不同梦想的过程却惊人的相似，那就是，把握好每一个"今天"，脚踏实地，活在当下。

每一天的努力和收获虽然都微不足道，也不可能造就人与人之间的巨大差异，但是正是由于千千万万个"今天"的努力和积累，造就了迥然不同的未来，正是无数个类似的"今天"，构成了我们与众不同的人生。

没有人可以预知未来，但是我们却可以把握今天，同样的道理，那些认为"今天"微不足道的人，其结果只能像寓言中那只每天都把筑巢推到明天的寒号鸟一样，最终迎来自己失败的人生。

5.不思进取，只能变成职场"橡皮人"

在《西游记》中，有一个情节令人印象非常深刻，那就是唐僧一路之上隔三差五地被妖怪抓住，要么是女妖爱上唐僧，要么是男妖想吃唐僧肉。但是，每次都已经把唐僧捆的跟粽子一样，锅碗瓢盆都准备好了，却总是有妖怪跳出来说："不急不急，待明日捉了那猴头，与唐僧一起煮了来吃。"然后呢，大家都知道的，就没有然后了……

回过头来想想，唐僧每次都能逢凶化吉，虎口脱险，其实是因为抓唐僧的这些妖怪个个都有"拖延症"啊。要不是他们每次都"不急不急"，这些妖怪恐怕早就成功了！

虽然这个比喻有些不妥，但职场上的我们其实就像这些妖精，很多时候，当你有工作任务在手却推三阻四迟迟不肯行动的时候，当你明明可以通过行动抓住能改变你人生机遇的时候，却因为拖延症发作，白白错过了事业成功的机会。

阿赖在公司入职已经有五六年的时间了，谈起自己的工作也是头头是道。但是眼看着与他同期进入公司的同事都各自升职，薪水也水涨船高，只有他到现在还是个普通的售前人员，每个月过着"月光族"的生活，丝毫看不到升职加薪的希望。

时间久了，阿赖就经常会忿忿不平：小王在某些方面还不如我，怎么他倒先成主管了？大刘一点都不熟悉外地企业的情况，口才也不如自己，公司却调他去做分公司的策划经理，是公司高层都瞎了吗？

阿赖有时又会抱怨：这次公司项目没能中标，完全应该由李经理他们组来背锅，看看他们做的标书，简直都没法看！如果是由我们这组做，那结果可能就不一样了……

这次公司开年会的时候，阿赖遇到了和同期进入公司的林经理，现在林经理已经是分公司的总经理，把分公司的业务开展得风生水起。阿赖借着酒劲问他："老林呀，咱们俩可是一块儿进的公司，当年一起跑大街找客户，也算好战友了，看看你现在混的，再看看我，为什么领导就不把我放在眼里呢？我对升职都已经不抱希望了！"

林经理笑了笑对阿赖说道："其实你比我有才华，就是干活的时候太磨叽了，都把功夫用在了嘴皮子上，你想啊，说的再多，没用，那就是空中楼阁，镜花水月，领导看不到实实在在的成绩，怎么会记住你呢？你要知道，时机和时间都是不等人的，很多项目和任务，说执行马上就要有结果的，别人都干完了，你还在那里思前想后，没个积极上进的态度，领导肯定不待见你！"

"我也不比别人干得少啊，啥时候闲着了？是领导不把重要的任务交给我！就像我身上写着'大事请绕行'一样！"阿赖一下子委屈起来。

林经理被他的话逗乐了，笑着说："好了不说你了，就拿我自己来说吧，咱们两个进公司的时候，我可是同一批进入公司的人员中年纪最小、学历最低的，在人前常常抬不起头来，这你都知道吧。"

"那会儿我就想，笨鸟先飞，既然我的起点比别人低，那我就要比别人付出更多的努力！我必须充实自己让自己强大起来，学历资历什么的，都只代表过去，我要干出实实在在的成绩来，让领导对我刮目相看。"

"所以，在别人还在制定计划商议对策的时候，我已经冲到客户那边了，我总是第一个了解他们的需求，所以当公司要求大家对公司产品的市场进行调研时，我已经跑过一遍市场了；我周末从来不跟别人出去疯你是知道的，而且我也从来不玩游戏，我觉得那是在荒废时间，我把周末和业余时间都用来看书和考证上了。"

"你都做了分公司的总经理了，还考什么证，多一个少一个有什么分别吗？"阿赖酸溜溜地问道。

"大家都在进步，你总不能躺在之前的经验上吃老本吧！"林经理说。

阿赖沉默了，其实这些经历他也都有过，跑客户冲在第一线，报夜校学习，刚到公司的时候他也是这么有激情的，可是慢慢地，在熟悉了公司的环境，了解了工作的各个环节后，他就放松了，客户也不跑了，只要遇到困难一点的任务，就想着让别人站出来顶上去；夜校就更不用说，早就不去了。如果自己也能像林经理这样坚持下来，会不会是另一番境遇？

林经理意味深长地说："公司里比我更努力的人多了去了，即便如此，也不是每个努力的人都能遇到适合自己的发展机会，你不去行动的话，就更不要说发展的机会了，给你机会也没用。道理其实大家都明白，就看你愿不愿意行动了，如果你继续这样磨矶下去，恐怕在公司真的就没什么上升的机会了。"

现实生活中，尤其是职场上，我们身边像阿赖这样的例子不在少数：

马上国庆小长假了，等到放假回来再做这件事情；

今天状态不好，这个文案就等我明天恢复精神后再做好了；

客户没接电话，不如等到明天再打给他吧；

领导今天出差了，这下解放了，大家不如放松半天，等下午领导快回来的时候再赶工……

　　有太多这样的人，虽然对薪水不满，对现状不满，可就是没有勇气去改变现在的行动，遇事往后退，梦想放一边，这样的心态，就是懒惰和拖延最明显的体现。在职场上，这样的人是根本没有机会提升的。

　　有一个职场"橡皮人"的典故，源自王朔的小说，形容的是当代都市中迷失自我的年轻人状态。现在，这个词演变成"橡皮白领"，即职场橡皮人，是指没有神经，没有痛感，没有效率，没有反应，整个人犹如橡皮做成的，不接受任何新生事物和意见、对批评表扬无所谓、没有耻辱和荣誉感的职场人士。

　　仔细看看，这形容，不就是阿赖这样的人吗？那么在阿赖的身上，有没有身边人乃至自己的影子？

　　如果有，那么首先要改变自己，不要让自己沦为"职场橡皮人"，其次要远离身边的这种同事，因为他们只会给你带来负能量，阻碍你的职场发展。也许会有其他的因素干扰你，你可以不管它，你要做的，就是排除干扰，坚定信心地行动起来。之前你可能会惴惴不安，也可能会担忧改变带来的不确定后果，但是当你真的迈出去了第一步，你就会发现，原来行动才是提升进取心最好的催化剂。

6.计划不重要，行动才关键

成功学家认为，成功其实并不是什么困难的事情，只要你坚持用十年的时间来做同一件事，即使你资质平庸，也同样可以将那些比你优秀的人远远地抛在脑后。只是在现实生活之中，很少有人能做到这一点罢了。

常言道万事开头难，实际上呢，一件再困难的事，其实难的只是开头的几分钟，可是很多人却因此畏首畏尾，瞻前顾后，总觉得先要制定出一套稳妥的计划之后，行动才能做到万无一失，实现更高的成功率。

可实际上呢，那些瞬间迸发的灵感和想法，就在这计划的过程中熄灭了。曾经有人对世界上的成功人士作了一个调查报告，结果发现，他们身上有一个共同的特点，那就是，只要他们认定了一件事，无论会面临多大的困难，也无论将来是成功还是失败，他们从不拖延，立即行动，并坚定不移地朝着心中的目标迸发。

小琴与小蕾是大学室友，毕业工作之后，依旧是"一周一小聚，三周一大聚"的好闺蜜。前不久的一次聚会上，小琴拿着手机给小蕾看了一则新闻，说是一位高中教师因辞职信而出名，辞职信上写的理由是：世界那么大，我想去看看。

"真的是好羡慕好羡慕她呀！"小琴无比崇拜地说道，"想到就去做，这就是我梦想中的生活状态呀！我什么时候才能像她这样啊……"

小蕾笑着说:"你现在就可以呀!自己的生活自己还不能做主吗?"

"不行,我的计划是,考上注册会计师,最低也得评上高级职称,然后才能计划下一步的事情。"

"那你考试的怎么样了?"小蕾问到。

"别提了,今年考试前刚好赶上我们换领导,我为了能在领导面前好好表现,天天加班,根本没时间看书……"

"那你什么时候才能考试呢?"

"唉,真后悔没有在刚毕业的时候就专心考这些证,现在每天忙成狗,不说时间了,连心情都没有!现在只能等明年考了,不过,家里和男朋友一直在催婚,明年你很有可能要给我当伴娘了啊,小蕾……"

"你的人生还真是挺忙啊,说的好像别人不用上班结婚一样。"小蕾一向直爽,想到什么就冲口而出,"你就说你是怎么计划考试的吧,书看了多少了,事情再多,总得有计划吧。"

"唉,书买了俩月了,我还没顾上看呢……"小琴只好老实交代。

"你把你的时间都用来做计划了,怎么能有时间去看书呢?"小蕾说道,"我年初给你说的想要去山区支教的计划,目前已经联系好地点和学校了。"

"这么神速?"小琴很是吃惊,问道,"那你准备去多久?工作怎么办?说好的一起考证呢?你还有时间看书了吗?"

"暂定一年吧,工作到时候再找,考证的事情,我已经复习的差不多了,如果你今年放弃的话,到时候我就自己去考了。"

小琴张大了嘴巴:"看上去你对考试胸有成竹啊,你都哪来的那么多时间看书的啊……"

"大概我是把你忙着计划的时间都用来看书了吧。"小蕾毫不客气地讽刺道……

看到这里，想必不少人都会有似曾相识的感觉，仿佛在小琴身上看到了自己的影子。生活中的我们，经常会在脑海里计划明天干什么，以后要怎样，结果呢，一觉醒来什么都不记得了；除此之外，我们还经常制定运动计划、饮食计划和学习计划，但是真正付诸行动的又有多少呢，计划容易行动难，是很大一部分人的通病。

1921年的一天，《纽约时报》发表了一篇社论，宣称："如今人们每年接受的信息量是25年前的50倍。"在这则简短的信息中，有不少媒体人看到了商机，他们都希望创办一份文摘性刊物，用信息量的优势来形成自己的特色。

然而事与愿违，当他们办好了一切手续之后，却被告知，该类刊物的发行暂时不能沿用代理商模式。这个意外打乱了所有人的计划，不能代理，就意味着流通环节出现了阻塞，不能顺利抵达读者的手中，就无法带来效益。因此，大部分人选择了放弃或者等到代理获得许可时再行动。

然而只有一个人没有放弃，这个人的名字叫华莱士，他们夫妇二人当晚就回到住地，雇佣工人连夜糊了2000个信封，把自己刊物的内容送到了美国各地的书报摊。绕开了不能走代理模式的障碍。如今，他们创办的《读者文摘》已畅销全世界，获得了一亿以上的销量。

同样是成熟的商业计划，那些一味困于计划和步骤，等待商机到来的人，最终与机遇失之交臂，唯有在第一时间采取行动的人获得了成功。这其实就是人生和现实的写照，上面故事里的小琴，如果依然局限于制定完美的计划，而不是什么时候开始行动，如何行动，那么她的一系列美好计划，将会一直搁置下去，她的人生行程也会远远落在小蕾的后方。

很多时候，即便计划做得再漂亮、总结写得再深刻，但是不能够立刻付诸实施的话，一切都是零，都是浮云。计划得再好，也不如做得实在。长时间的计划出游，不如来一场说走就走的旅行，有些事情计划久了反而就没有了最初的激动和兴奋雀跃，所以有时候想到什么就去做什么吧，这不是任性，而是让自己远离借口和拖延。

作家阿莫斯·劳伦斯曾说："形成立即行动的好习惯，才会站在时代潮流的前列，而另一些人的习惯是一直拖延，直到时代超越了他们，结果就被甩到后面去了。"人生很长也很短，不要让计划挡住追求的脚步，如果非常渴望一件事情或一件东西，Just do it。很多时候，当我们心中确立了一个目标之后，既不是忙于制定完美的计划，也不是等着机遇降临到自己的头上，而是马上行动起来，不管前方有多少荆棘，有多少坎坷，有多少磨难，这才是实现梦想的关键所在。

7.眼前的轻松，终会成为日后的沉重

在《钢铁是怎样炼成的》一书中，保尔·柯察金说："人最宝贵的是生命，生命每人只有一次，人的一生应当这样度过：当他回忆往事的时候，他不会因为虚度年华而悔恨；也不会因为碌碌无为而羞愧，当他临死的时候，他才能够说我的整个生命和全部精力，都献给了世界上最壮丽的事业——为人类的解放而斗争。人应当赶紧且充分地生活，因为意外的疾病或悲惨的事故随时都可能结束他的生命。"

生活中，我们常常感到迷茫，抱怨生活怎么这么无聊。岁月匆匆，人生苦短，如果百花还来不及绽放就已错过花期，那该是多么令人懊悔的事情。

时间是最宝贵的东西。随着时光的流逝，岁月的增长，容颜已经憔悴，记忆力也不如从前，在回忆往事时，发现自己的一生竟然就这么走过了，这时才悔恨自己的青春短暂，碌碌无为，岂不是人生最大的失败吗？

有一个小和尚，他每天都在寺庙中念经，越念越烦。

一天夜里，他做了一个奇怪的梦，梦见自己被通知去阎罗殿报道，这时，一座金碧辉煌的宫殿出现在他面前。正当他端详宫殿时，里面走出一个人，对他说："你有什么愿望吗？"

小和尚说："我每天都忙于念经和学习佛法，现在非常讨厌念经，每天只想吃、想睡。"

　　宫殿主人笑着说："你留下来和我一起住吧，世界上再也没有比这里更适合你居住的地方了。在我这儿，不用念经，不用学习，也没有那么多的规矩，最重要的是，这里有丰富而美味的食物，你想吃什么就吃什么，有舒适的房间，你想怎么睡就怎么睡。"

　　小和尚很兴奋，再次确认着："你保证不会给我经书，让我参悟佛法吗？"

　　宫殿主人笑着点点头，向小和尚伸出了手。

　　小和尚心想，这里简直就是天堂，于是高高兴兴地牵着宫殿主人的手，走进了宫殿。

　　在开始的一段日子中，小和尚每天除了吃，就是睡觉，感到异常快乐。渐渐地，他觉得有点寂寞和空虚，于是就去见宫殿主人，抱怨道："这种每天吃吃睡睡的日子过久了，也没有多大意思，我对这种生活已经提不起一点兴趣了。你能不能给我找几本经书看看，或者时不时地给我讲几个佛祖的故事听听呢？"

　　宫殿主人答道："对不起，我们这里从来不曾有过这样的事，你还是待在这里好好地享受生活吧！"

　　又过了几个月，小和尚感到内心空虚极了，就又去找宫殿主人："这种日子我实在是过不下去了。如果你再不给我经书念，再不让我听到佛法，我宁愿去下地狱！"

　　宫殿主人轻蔑地向他笑了笑，说道："你以为这里是天堂吗？这里可是真正的地狱呀！"

　　小和尚以为在天堂的日子就应该吃喝玩乐，但在每天玩乐之后，他突然感到空虚，才发现，原来每天无所事事的地方不是天堂，而是地狱。

　　挥霍时光是一件可惜又可悲的事。岁月经不起太长的等待，青春经不起一再的蹉跎，如果你有什么样的想法，一定要第一时间付诸行动，不要等到花落人憔悴时，那就只剩下叹息了。

年轻容不得散漫，不要以为时间还很多，把所有的想法和计划都推到明天。明日复明日，明日何其多。我生待明日，万事成蹉跎。终有一天，你会发现自己已经不再年轻，但是事业无成，一无所有，平庸的生活没有改变，才意识到时光流逝，你的人生已经失败。

在"钟表王国"瑞士有一座温特图尔钟表博物馆，博物馆里的一些古钟上刻着这样一句话："如果你跟得上时间的步伐，你就不会默默无闻。"如果有了梦想，就要趁时间还来得及立即行动起来，因为梦想会让你走向成功。

一棵小草从一处毫不起眼的墙角边钻了出来，它冲破地面，好奇地环视四周。

这是一个阴暗潮湿的墙角，四周都笼罩在一片灰暗之中。小草不禁皱了皱眉头，抬头望了望广阔天空中的雄鹰，一种仰慕之情油然而生。它真的很想像雄鹰那样拥有广阔的天地。小草低头看了看破墙角，叹息道："怎么同样是世间生物，我就要生存在这被遗忘的角落，而它就可以自由飞翔呢？"小草再次向天空望了望，它多么渴望走出墙角，哪怕在外面的世界待一会也好呀！

于是，小草把自己的想法告诉了邻居小树。小树不屑地藐视小草，讽刺地说："我们就这个命，别怨天尤人了，听说外面危机重重，还不如这里呢！"

小草没有说什么，但走出去的信念却在心头慢慢滋生，它不愿永远做个井底之蛙，它想象着在墙角的那边，一定是五彩缤纷的。

这天，一群小学生走了进来，他们要在墙角这里打扫卫生。小草彬彬有礼地向他们诉说："我是一棵小草，想出去瞧瞧，你们能帮助我吗？"

这群小学生听到小草的话，向它摆摆手说："不可以，不可以的。"

小草以为学生不愿意帮他，叹了一口气，邻居小树又在一旁讥笑道："你就傻吧，你又不是什么奇花异草，谁会把你带回去种植呢？再说了，如果没人种，你不就被晒死了，真是白日做梦！"

小草没有理会小树，仍坚持着自己的想法。

一天，一个老园艺工人走到这里，小草再次说出自己的请求。老园艺工人想了想，说："好吧，你等一下！"说完，转身走了。

小草听到有人答应了它的请求，高兴地拍起手，小树再次嘲笑地说："你呀！人家说什么就信什么，如果那人回来找你，我宁可在这儿待一辈子……"

小树的话还没说完，老园艺工人回来了。他拿来了一个花盆，把小草种了进去，小树就这样眼睁睁地看着小草被放入花盆中带走了，羡慕不已，悔不当初。

就这样，小草终于走出墙角，看见了流光溢彩的世界。

原来，这棵小草是一株上等的药材，它可以为很多人解除病痛之苦。

生长于角落的小草，完成了自己的梦想。其实，每个人都有一个梦想，但是有的人把它变成了现实，有的人却永远都是梦，这是什么原因呢？梦想需要通过拼搏和努力来实现，如果只是贪恋于眼前的安逸，人生只能在碌碌无为中度过。

据说在古希腊，有人去世时，亲人朋友从不写讣告，他们只问一个问题："他生前活得有没有激情？"对生命和拼搏的热情，是唯一有助于实现愿望和梦想的催化剂。如果你对梦想充满激情，就会感到奋斗过程中的乐趣，工作和生活时也不会觉得平凡和枯燥。

　　人生路上，不要总抱怨生活的不公平，更不能沉迷于眼前的享受，克服自己拖拉的习惯、懒惰的心理，抓住每一分、每一秒努力拼搏，就不会碌碌无为。

8.敢于去做，就没有什么不可能

对于人生而言，什么是"可能"？什么是"不可能"？在有些人眼里，很多事情都是不可能的，但是在另外一些人眼里，一切都是有可能的。

为什么人与人之间的想法差距如此之大？我们其实都应该明白，世间万物，生生不息，就拿生命来说，连最黑暗的海底和最冷的极地，甚至最热的火山口，都能看到生命的存在，那么，在这个世界上，又有什么是不可能的呢？所以，我希望每个人都做信奉"一切皆有可能"的信条，无论是对自己还是对别人，都不要轻易地说出"不可能"这三个字。

海明威说：人生，就是一场战斗。与谁战斗呢？与自己！其实就是与自己的懒散、退缩、逃避行为进行战斗。一个人如果能够战胜自己，他就能够战胜一切，任何看起来巨大的困难、表面上强大的敌人在他面前都会变得不值一提。

很多时候，一项任务看起来似乎不可能完成，但是，只要你能够鼓起勇气，勇敢地接受这项挑战性的工作，并且竭尽全力去努力拼搏，大多数情况下，"不可能"往往就会变成可能了。其实对于我们通往梦想的道路来说，最大的障碍不是别的，它就来自于我们自身。卡耐基在一次演讲中说道："很多人都比自己想象的更精明能干，可人们却在不知不觉中对自己的智慧进行了贬低。"

有些人在工作中稍微遇到一些难题就开始心里没底，开始打退堂鼓，认为自己这也做不了，那也做不了。要知道，做任何工作都会遇到这样、那样的难题。即使日后你奋斗成功自己做了老板，也会面临很多想象不到的难题。

人内心深处都有趋利避害的畏难心理，对那些容易解决的事情愿意承担，而把那些有一定难度的工作推给别人。这种心态是需要我们自己加以抑制的，如果放任其控制我们的思想，长期左右着我们的行动，很容易导致我们一无所成，失去成功和梦想的机会。

中国山东单县的一个小村庄里，有一位地道的农民叫朱之文，四十来岁，平日的工作就是种地，农闲时节出门做个泥水匠，其实就是侍候瓦匠的小工，一天挣个三四十块钱，与身边祖祖辈辈的淳朴农民没有什么分别。

但是，朱之文还是跟别人有一点不同，他喜欢唱歌，在田间地头，在小树林，在自家的宅院里，随心所欲地唱，对着镜子唱，对着家里的家禽唱，对着豢养的两只山羊唱，干着活儿也唱，用他自己的话说，就是喜欢唱歌，希望把歌唱好。

为了这个内心深处的梦想，他丝毫不在意旁人异样的目光，自己买来磁带和书籍，用一台别人赠送的电子琴，日复一日地在家中练歌，一唱就是二十多年，为了增强气息，他甚至故意在大风天顶着风大声歌唱。时间久了，方圆几十里的村镇都知道了他有个绰号，叫做"三大嘴"。

2011年2月13日，朱之文参加《我是大明星》济宁赛区的海选，演唱《滚滚长江东逝水》和《驼铃》，震惊了主持人、评委和现场观众。3月4日，山东综艺频道《我是大明星》栏目播出的济宁赛区海选视频被推荐至新浪头条，视频点击量超过百万，这成为了朱之文的成名视频。3月9日，朱之文海选参赛视频登上了优酷，视频点击量超百万；3月12日，YOUTUBE全球发视频《China"苏珊大叔""Chinese Susan Boyle""中国苏珊大叔""大衣哥"》。

朱之文对于歌唱的执着和投入终于得到了回报，得到了许多观众的喜爱和支持，并且登上了2012年的中央电视台春节晚会，用一句显得俗气的话说：朱之文红了。从一个在田间地头唱歌的农民到登上央视春晚，绝对是一个从"不可能"到"可能"的奇迹，是什么创造了这个奇迹？

其实，正是朱之文对于歌唱梦想的坚持和执着，让很多人看来不可能发生的事情变为了可能。同样，在我们投入热情进行奋斗之前，你要明白，所有梦想都是具有挑战性的，都有成功和失败的可能性。

如果你只看到"不可能"的那一面，不想面对任何困难，不想克服任何障碍，那么只有一条路可以选择，那就是放弃梦想，永远做个衣来伸手、饭来张口的"纨绔子弟"。相反，如果你内心坚信自己的梦想一定有实现的可能，并且愿意付出最大的努力去实现它，那么，无论是挑战性，还是失败的可能性，都会被内心的激情所冲淡。

懦弱的人会因为挫折的洗礼而变得坚强；懒惰的人会因为挫折而变得勤劳；一个喜欢抱怨命运的人，会因为挫折而变得理性；一个眼高手低的人，会因为遭遇失败而变得学会面对现实。

挫折可以让一个人更加理性地对待自己的缺点，许多经历过挫折的人，都会改掉身上的一些坏习惯，让自己拥有一些之前不曾拥有的美好品质，而正是这些品质，才最终促成了他们的成功。挫折其实可以让一个人在不断经历困苦的同时，学到一些在其他任何地方都学不到的东西，它能够传授给一个人其他任何地方都得不到的经验。

世界上任何一所大学都不可能教会一个人成熟、教会一个人如何在逆境中保持斗志、教会一个人如何在艰难中坚持自己的梦想、教会一个人什么才是真正的现实，但是挫折能够做到。

有句话是这么说的：一个人，如果你不逼自己一把，你根本不知道自己有多优秀。这句话其实就是在人生的种种可能与不可能之间总结出来的感悟。

奋斗的过程中其实没有绝对的可能与不可能，从哲学的观点来说，所有事物都是相对的。我们不必用一些"可能"或是"不可能"给自己的人生立下一些条条框框，只要有梦想，并且敢于去拼搏，就没有什么是不可能实现的；如果没有梦想，或者有了梦想却没有去奋斗的信心和勇气，那么所有的成功都会变成不可能的泡影。明白了这个道理，我们自然就会知道应该用怎样的态度去对待自己的梦想。

第六章 | 效率至上，
DILIUZHANG | 和时间签个协议

　　我们的人生经受不起一再蹉跎，时间就是生命，机会永远留给有充分准备的人，就像公交车一样，有它的运行时刻表，如果车已经来了，你还没有抵达站台，那么你上车的几率永远都是零。

　　机会更是自己努力换来的，就像超市做活动降价的商品，不可能排队中的所有人都能买到，如果你不去努力往前挤的话，那么你很可能就会失去购买的机会。

1.任何目标都需要一个"截止日期"

某天，你制定了一份工作和学习计划，决心要拯救自己日益颓废的人生。起初的时候，你信心百倍，踌躇满志，每天都能够坚持实现计划中的目标，可是第二天早上你起来对着镜子一看，发现一切还是老样子，于是信心便流失了一些；第三天，积极性又下降了一些；到了第四天，你已经没有坚持下去的兴致了……

许多人认为这一定是缺乏毅力的原因，可实际上，大多数人并非缺乏毅力，而是没有意识到时间的重要性。

曾几何时，我们渐渐习惯了期待，我们忍受无趣的生活，期待着更美好的时光；我们忍受着工作的枯燥，期待着事业有所起色；我们忍受着清贫的生活，期待着自己早日财务自由……可惜，如果我们只是在原地等待，美好的生活并不会主动向我们走来。

庆祝生日的时候，我们总喜欢许个愿望，看到流星飘过的时候，我们也会赶紧许一个愿望。这其实是人们内心渴望心想事成、愿望成真的美好期盼，但在很多时候，有些人会把愿望和目标混为一谈，比如生日许下的愿望是："希望父母家人身体健康。"这样的美好愿望只是一种期许和祝福，是不需要期限的。再比如"希望今年考过英语四级"这样的愿望，要当做目标来对待，也就是说，不是在脑海里想想就行了，而需要一个实实在在的计划，以及何时完成的期限。

生活中，喜欢制定目标的人虽多，可是我们仔细观察就会发现：

有不少人制定的所谓目标，仅仅是给自己一个心理安慰，甚至只是一个美好的期许。因为他们在装模作样、信誓旦旦地制定目标时，根本就不打算给这目标一个确确实实的期限，这样的"目标计划"，不制定也罢。

一个没有完成期限的目标，只能算是空想，必定是遥遥无期的，其实这是件挺奇怪的事情，在日常生活工作中，我们常常被各种各样的截止日期裹挟着忙忙碌碌，四处奔波，生怕手头的任务超过了完成的截止日期，而引发不好的后果。而我们却偏偏忘记给自己的梦想加一个截止日期，反倒让自己的梦想期限因为一些琐碎的事情而不断推迟。

我们为何不能给自己的梦想制定一个截止日期呢？在文学和商业领域，其实截止日期这个概念有着非常神奇的作用，我们甚至可以说，截止日期这件事堪称人类的一大发明，如果太多的事情没有截止日期，这个世界前进的节奏说不定会慢许多。

著名作家克里斯·巴蒂曾经写过一本《30天写小说》的书，书中介绍了如何给自己定下写一本书的目标，并且在30天内无条件去完成。这本看上去普普通通貌似写作技巧的工具书籍，却在众多文字工作者以及网站上引起了轩然大波，大家纷纷自发地组织起活动，真的把这本书的名字"30天写小说"付诸了行动，并且衍生出了30天作品比赛等赛事，涌现出一批精彩的作品和优秀的作者。

当然，这本书引发的最大讨论，是在于"截止日期"这个概念，大家没有想到，强行给创作这件事加上截止日期之后，按时完成竟然并没有想象中的那么难，甚至会在这个过程中激发出平时轻松状态下不可能出现的灵感。

　　书中有这样一句话："阻碍人们实现文学创作梦想的并不是缺乏创作天赋，而是缺乏截止日期的压力。只要给自己制定一个宏伟的目标，有一个和谐的环境和适当的期限限制，奇迹就会发生。"

　　生活中，很多人也喜欢给自己制定目标，其实在生命的各个时间阶段，每个人也都会有自己的人生目标。只是我们在制定了目标之后，也仅仅当作是一个目标罢了，并没有为了能够达到这个目标，去制定一个截止日期，这也正是太多人生目标遥遥无期的原因所在。

　　美国有一个名叫乔治·格什温的作曲家，他从来没有写过交响曲，而当时美国最著名的斯坎德爵士乐团的著名指挥家，却非常欣赏他的作品风格，想尽办法联络上这位作曲家，并且专程拜访，邀请他为交响乐团写一部交响曲，他认为，以乔治·格什温的风格，写出来的作品定然会非同凡响，能够给无数观众带来一场音乐盛宴。

　　但是他万万没想到的是，固执的格什温声称自己对交响乐一窍不通，就算是要写，出于对自己艺术生涯和名声的负责，也会一步一个脚印，在摸索中去探索和了解交响乐，如果要拿出成熟的作品，至少要一年之后了。

　　而指挥家却不这么认为，他既不接受乔治·格什温的这番说辞，也等不了一年，他认为以乔治·格什温的才华，绝对能够很快写出一首优秀的交响乐。为了达到自己的目的，这位指挥家竟然脑洞大开，在报纸上刊登了一则广告，说20天后，音乐厅将上演格什温的交响乐《蓝色狂想曲》。

　　格什温看到广告，看到杜撰出来的这个不知所云的交响曲名字，大惊失色，跑去质问指挥家为何要做出这样的事情，这样一来，如果

20天后不能完成作品，这不是让自己出丑吗？

指挥家倒是淡定，他给了格什温一个高深莫测的微笑，说反正这下全城人都知道了，你看着办吧。格什温思前想后，实在是没辙，只好将自己关在屋子里，两周时间足不出户，不眠不休，硬是在登报的截止日期之前完成了这部作品，使得交响乐按时上演，不料这场演出竟然大获成功，格什温的名气瞬间提升了几个数量级，他对这位指挥家的态度也由愤怒转变为敬佩和感激。

我们的人生又何尝不是如此呢？人们总是对已经拥有的过去不忍放弃，对舒适平稳的生活恋恋不舍，甚至对自己的思维模式陷入僵局而不自知。但是，在关键的时刻，如果把自己置身于人生的悬崖边上，那他的人生就极有可能会有所突破，因为，在看似深渊的边缘，才有可能获得更加广阔的天空。

有些时候，我们的一时懈怠，可能就会与成功失之交臂，因为，机会从来不给你等待的时间。人生之路上，我们确实需要多给自己制定一些"截止日期"，从而使自己获得重生，让生命之树开出更加绚烂的花朵。

"是金子迟早会放光"的话没有错，但如果发掘的人都已经走了，你还没有开始放光，那就别怪别人没有发现了，不妨给自己一个"发光"的期限，用"截止日期"给自己创造一个机会，说不定人生也会随之改变。

强者从来不会让自己的人生陷入散漫，而是自己主动去给自己施压。"莫等待，白了少年头，空悲切"。东风也许不会为你吹起，但你可以去追赶东风，在东风结束之前，遇到自己人生的风口。

给你的梦想一个截止日期吧，无论你的梦想有多么宏伟和遥远，你都可以去给它一个期限。比如可以将太大的梦想分成很多个阶段，先从第一阶段开始做起，给每个阶段一个截止日期，然后坚定地去执行和完成。如果你真的这么做了，说不定，你的梦想很快就能实现。而如果你的梦想永远都没有行动计划，也没有截止日期，那你的梦想也必然会永远拖延下去。

2.把握"黄金时间"，打造"黄金效率"

很多人在生活和工作中，没有丝毫的时间意识，比如：一件5分钟可以搞定的事情硬是拖沓了半个小时，这虽然看上去是件小事情，但时间就这样如流水一般荒废了，要知道这流失的不是别的，而是自己的生命。

当然，我们的身边也有这样的一些人，他们能利用自己的时间做很多事情，谁也不知道他是怎么抽时间办到的，比如三天阅读完了一本书，而且工作很忙；再比如利用一个月的时间写成了一部小说，在旁人看来，这都是令人不可思议的奇迹。

其实，时间对于每个人来说都是非常公平的，没有谁可以比别人多拥有哪怕一分一秒的时间。那些在时间和效率上创造奇迹的人们，无非是极大地提高了时间的利用质量而已。

有一次，著名演员阿岚准备接受电视台的采访，一向守时的他提前赶到了电视台。可是，就在采访开始前的十几分钟，突然出了一个小小的插曲。按照惯例，在节目开始之前，被采访的嘉宾会提前和主持人接触一下，双方进行简单的交流，大致聊一下采访的内容，借此消除紧张情绪，同时增进了解。可就在阿岚和主持人要见面的时候，忽然停在了屋子的外面，表示先不进去，并且请人通知主持人稍等一下。

这一举动让现场的所有工作人员都有些懵了：难道是哪个环节安排不周，得罪了这位大明星？或者，这是大明星在摆范儿？……就在大家胡乱猜想的时候，阿岚推开门，满面春风地走了进来，非常优雅得体地和工作人员们打了招呼，然后微笑着和主持人一起坐了下来，双方开始了正式的交流。

刚一坐下来，阿岚便开始向大家道歉："抱歉，耽误大家的时间了！"主持人没想到阿岚这样的大明星竟然会如此谦虚诚恳，连忙说不介意。

"刚才我的状态不太好，情绪状态没有达到最好，我担心会影响到节目的效率和质量，所以我站在门外平静了一会儿，调节好了之后才进来的，这样一来就耽误了大家一些时间，真是非常不好意思。"阿岚微笑着解释道："每个人的状态都有好的时候，也有不好的时候，当我状态不佳时，我会尽量躲在不太显眼的地方调节自己的情绪，这样就可以以更高的效率进行下一步的工作。"

"这短短几分钟的调节真的有那么重要吗？"主持人非常好奇地问道。阿岚微笑着回答道："其实就像你们做访谈节目，并不是滔滔不绝地说个不停就能达到最好的效果，要想达到最好的结果，就必须知道什么时候该说话和什么时候该说什么样的话；而在具体做某一件事情的时候也是如此，并不是忙忙碌碌累得团团乱转的人就能做得最好，而要学会找到自己的'黄金时间'，运用自己的'黄金效率'，这样才能用最少的精力做好最多的事情。简而言之一句话，效率比傻干更重要！"

那么，什么是黄金时间和黄金效率？黄金时间就是一个人一天中思维最活跃、记忆最牢固、思路最开阔的时间段。如果把最重要的工作内容放到黄金时段中去执行，一定会比其他时间更轻松、更有效率，这被称之为"黄金效率"。

聪明的人们都非常注重时间的效率，他们会把事情考虑得相当周全，然后按照步骤一步一步地推进，当然每一个步骤他们都会精心地计划好时间，让一切能够按照步骤有效地进行，从而达到最高的效率。

懂得提升效率的人，会很好地掌握自身的节奏，然后一点一点地去达成自己的计划，有些人可能一生都无法很好地编排自己的时间，但是有的人却把自己的人生规划得相当完美。当一件事情做完，下一件事情就会被搬上日程，他们就是这样一件一件地处理，一件一件地经营，把一切就这样办妥当了。

或许这时候你会感叹：打造这样的黄金效率不是一件容易的事情。的确，这确实不是一件容易的事情，但是只要你能够把一切想周全，把每一个步骤想完美，这样做起事情来才会高效得多。时间和事情之间总是存在着很多必然的联系，我们完成一件小事情需要多少时间，对方有多少时间能听你把话说完，有多少日程需要跟进，有多少事情需要快马加鞭，这些都需要我们进行精心的计划，每一步的安排绝对不可以在时间上出现偏差。

打造黄金效率，不仅是一门技术，更是一门学问，或许说还带着那么点艺术的性质，能够编排时间的人好像是配菜，总是能把最对的事情放在最对的时间上，而这些完美的搭配就在他们的脑间划过，进行着周密的计算，每一个计划最终都成为了最好的安排。

很多人不了解自己的黄金时间，胡子眉毛一把抓，比如在最好的时间里打一些不太重要的电话，回复一些不必要的邮件，白白浪费了黄金时间。等到有重要的事情要做时，自身已疲惫不堪，精力完全顾不过来了。于是一天下来，工作倒是不少做，但是效率并不是很高，下班后加班加点，忙到很晚。

事实上，很多身在职场的人都没有留意到这一点，而是稀里糊涂地以为只是任务重时间紧。殊不知是因为自己没把握住黄金时间。比如：上午9点到11点的大脑最清楚，效率最高，却用来上网聊天了，等到下午想好好工作的时候，大脑却已经进入了疲劳期。如此一来，就等于没有把工作和生理巅峰恰到好处地结合起来，让最能创造价值的时间白白浪费了。这样导致的结果，自然就是效率低下。

如果一天里最好的时间被充分利用了，那么这一天的效率就会比别人高出很多。因此，充分了解自己的生理状况并合理运用自己最好的时间，即所谓的黄金时间，是一种快速获得黄金效率的必经之路。

有人天天奔波却焦头烂额，无所建树；有人看似悠闲安逸却取得了让人羡慕的成就。前一种人很努力却也很悲哀，因为他们不懂得效率比傻干更重要的道理。我们不仅要坚持不懈地努力，更要懂得怎样去努力才能达到最高的效率，只有如此，才能更快品尝到成功的滋味。

3.天下武功，唯快不破

人的心灵有着无比强大的力量，我们的想法创造了我们的世界，我们的思维方式和内心的景象决定了我们要过的生活。心态，影响着行为；行为，又影响着人生。可以说，命运是心态和性格的产物，若把生活比作电影，那么这场电影的导演就是我们自己。很多人敢闯敢干，善于在失败中寻找经验，最终走向了成功，但是还有一些人做事小心翼翼，瞻前顾后，畏首畏尾，最终一事无成。

岁月匆匆，时光荏苒，经不起你的一再蹉跎，不敢向前迈出你的步伐，你便会永远停在原地而无所作为。每个人都不会保证自己做的事能成功，但是，如果不去实践，便永远不会成功。古人说："畏首畏尾，身其余几？"意思是说，怕头怕尾，身子还剩下多少呢？也就是说，如果你总在害怕做错事，不赶快去付诸行动，如此前怕狼后怕虎，那么又如何能够取得成功呢？

公元前610年，晋灵公与诸侯在扈会盟。

郑穆公得到消息后很想参加这一盛会，但是，晋灵公却对此十分反对，他拒绝和郑穆公见面，因为晋灵公听说郑国对晋国有二心，郑国打算和楚国勾结在一起向晋国造反。

郑穆公对此十分忧心，郑国的大臣子家想为大王解忧，便立刻派信使去了晋国，给执政大夫赵盾捎去一封信，信中表明了郑穆公即位以来和晋国一直是友好的，即使面对楚国强大的压力，他也从来不敢对晋国三心二意。当然，信中还对晋灵公的无理指责做了反驳，最后，他以强硬的口气说："古人有言：畏首畏尾，身其余几？鹿死不择音，小国侍奉大国，如果大国以德相待，那它就会像人一样恭顺，但是，如果大国待之非礼，小国就会像鹿一样铤而走险，哪儿还能顾得上有所选择呢？"

赵盾看着信，觉得说得很有道理，并对信中的最后一句"贵国拒绝我主公的命令，我们也知道面临灭亡了，只好准备派出敝国的士兵严阵以待。今后，到底该怎么办，就听凭您的命令吧！"十分佩服，于是，他劝晋灵公收回成命，不要拒绝郑穆公参加会盟。

做成每件事必然有一定的风险，也许会因为我们一个小小的失误而失败，但是我们可以从失败中汲取教训，下次再去做的话就不会再出错，总有一天会成功的。如果因为畏首畏尾，而停步不前，不能在第一时间做出最快的反应，那么极有可能永远都没有成功的那一天。年轻人应该有一种雷厉风行的闯劲儿，这种说干就干的精神会让你成就自己。

文学家克雷洛夫说："现实是此岸，理想是彼岸，中间隔着湍急的河流，行动则是架在河上的桥梁。"没有任何一个机会等待着你去反复思考，在当今这个复杂多变的社会，很多人变得多疑起来，他们怕自己出错，怕遭别人陷害，怕所有内外因素来影响自己，因此常常站在机会面前踌躇不前，最终与其擦肩而过。

莉莉是某大学艺术团里的舞蹈演员，在一次校际演讲比赛中，她在全校师生面前表达了自己心中深藏已久的美丽的梦想：站在悉尼歌剧院的舞台上，让世界人民看到她的表演。

随后，莉莉的心理学老师问她："今天去悉尼与你毕业后去悉尼表演，有什么区别？"

莉莉仔细想了想，说："也许没什么两样。"莉莉觉得大学生活并不能够帮助她获得去悉尼的机会，她继续说："下个学期我就去办理出国手续，出去闯荡。"

老师紧接着又问："你今天去和下学期去，有什么不一样吗？"

莉莉听到这儿，心情也有些激动，说道："也对，那给我一周的时间来准备吧，我想很快就可以出发了。"

"你打算准备什么呢？日用品在悉尼也可以买到，你本身就有护照，可以随时出国。一周之后去，和现在去有什么区别吗？"老师步步紧逼。

这时候，莉莉流下了眼泪，激动地说："好！我明天就出发！"

第二天，莉莉乘坐飞机去了悉尼。

当时，一位著名的歌剧制片人正在酝酿一部经典剧目，很多舞蹈家都纷纷去应征领舞。依照步骤，她要在一起应征的百余名人员中胜出，才有机会去做候选人，然后在十个候选人之中再参加最后的面试，面试的题目是"我的独舞"，最后经过训练才可以登台。

莉莉了解完应征步骤后，便将自己关在房间里悄悄地进行排练。到了面试的那一天，莉莉在舞台上跳起了她最拿手的一支独舞，制片人看着眼前这个表演生动的东方女孩，不禁惊呆了。莉莉的应征号码为58，当时后面还有不少人在等待面试，但是，制片人却通知工作人员说面试已经结束了，莉莉就是这个剧目的领舞！

莉莉成功了，她依靠自己的能力和努力成功了，她与老师的那段对话，更是让莉莉取得成功必不可少的原因。当你打算做一件事时，就要第一时间行动起来，正所谓"天下武功，唯快不破"，畏首畏尾的拖延只能使你与成功失之交臂。如果当初莉莉用半年、一个月、一周的时间去准备的话，也许她就没有勇气去闯，也不会把握住那次机会了。所以，如果你有梦想，那么就以最快的速度行动起来吧！

越是害怕出错便越会出错，畏首畏尾更是一种不自信的表现。没有任何一个人会对自己自信的事而畏首畏尾，假如你已经掌握了做事的原则、方法，已经做好了万全的准备之后，怎么可能还会出错呢？因此，如果想要克服畏首畏尾的状态，首先应该培养自信心，当然，这种自信来源于能力的提升与经验的增长，只有不断地去尝试新的事物，对自己进行挑战，才会增加自信。

在这个快节奏、信息化的社会里，"快鱼吃慢鱼"已经成为了所有人的行为准则，乃至社会发展的趋势和规律，只有抓住机会，在最短的时间内采取行动，抢在别人前面付诸实施，只有抢先半步，才能领先一路。总而言之，如果要做，就立刻行动，即便是失败，你也能够快人一步获取到宝贵的教训，从而更快地重振旗鼓，冲向梦想的彼岸。

4.逝者如斯夫，不舍昼夜

人生有多长？也许这是一个有些哲学意味的问题。但是我们可以从理论的角度来计算一下，假设我们可以活到90岁，那么，我们的人生长度就是：90年=1080月=32400天=777600小时=46656000分钟=2799360000秒。这个数字看起来如此庞大，似乎我们的人生时间相当充裕，但实际上是这样吗？

我们不妨来看一个小故事：

有一天，佛陀询问弟子："我们的生命有多长时间？"

一位弟子抢先回答："数日间。"

佛陀摇头说："你还不懂这个道理。"

于是，又再问道："人命有多长期限？"

另一位弟子答道："饭食间。"

"你也不明白。"

最后，佛陀再次提出同样的问题，一位弟子举手道："生命在呼吸之间。"

佛陀笑了，说道："你说对了，人命在呼吸之间，出息不还即是后世。"

这个故事其实就是在告诉人们，生命的意义就在于当下，在于今天，在于我们当前拥有的分分秒秒，为了过去和未知的将来而放弃现在，是否舍本逐末？

生命只有一次，时间才是我们最大的财富，而我们拥有的时间只有当下，拥有了现在，我们也就拥有了未来。所谓"当下"，简单地说就是指现在正在做的事、所在的地方、周围一起工作和生活的人；所谓"拼搏在当下"就是要把关注的焦点集中在这些人、事、物上面，懂得抓住真实的刹那，全心全意认真地去接纳、思考、投入和体验这一切。这个道理看似简单，大多数人却无法真正做到专注于"现在"。

当然，专注于现在，并不是倡导"今朝有酒今朝醉，明日愁来明日愁"这种挥霍青春、透支未来的享乐主义思想，而是让我们不被过去未来所束缚，把握当下的快乐，把握今天的机遇，并用及时的行动来实现自己的理想和信念。

要知道，时间每时每刻都在流逝，它并不在意你是在利用时间还是在虚度光阴，时间面前人人都是平等的，每一天的86400秒，都会过期作废的。所谓那些成功人士，都是懂得珍惜时间的人。古人就写下过"明日复明日，明日何其多"的诗句提醒人们珍惜时间，而鲁迅先生更是告诫大家"浪费时间等于谋财害命"，可见时间的珍贵。

因此，我们的生命应该用秒来计算，秒针的滴答声中，我们时刻都必须思考自己是否在浪费自己的时间和生命，警醒自己抓紧时间去奋斗拼搏。

车胤生于晋朝，本是富家子弟，后来家道中落，变得一贫如洗。可是，他在逆境中却能自强不息。车胤求知欲很强，也能吃苦耐劳。他白天要帮家人干活，没有时间看书学习，就想利用漫漫长夜多读些书，好好充实自己；然而，他的家境清贫，根本没有闲钱买油点灯，有什么办法可以突破客观条件的限制呢？

眼看着光阴一天天逝去，车胤想尽办法利用晚上的时间读书，最初，他只能在夜间背诵书本上的内容，直到一个夏天的晚上，他看见几只萤火虫在飞舞，点点萤光在黑夜中闪动。于是，他想出了一个好法子：他捉来许多萤火虫，把它们放在一个用白色夏布缝制的小袋子里，因为白夏布很薄，可以透出萤火虫的光，他把这个布袋子吊起来，就成了一盏照明灯。

车胤每天晚上用这萤火虫制作的灯不断苦读，终于成为著名的学者，后来还成了一名深得人心的官员。后来，车胤惜时如金的事迹人尽皆知，大家都非常尊重和爱戴他，每逢举行集会或庆祝活动，就会请车胤参加，如果车胤没有到场，大家就觉得非常扫兴，足见古人对惜时这件事的重视。

其实，在我们小的时候，不管是师长还是家人，都曾经忠告过我们要学会珍惜眼前宝贵的时光，短暂的人生会在不经意的瞬间一闪而过，然而那时的我们是无法体会时间的珍贵，更不知道珍惜意味着什么。每天穿梭在匆忙的行人和车流中，年少的梦就这样一晃而过了。

直到突然有一天，我们发现年轻的昨天已悄然与我们挥手作别，在我们没有意识到的情况下就会悄然而去，留下无限的惆怅，和梦想未实现的遗憾。这个时候我们才学会反思：时光漫长而又短暂，有人饱食终日，无所事事，从来不好好想想如何利用自己的天赋？

事情往往就是这样，一旦失去的东西，人们才会留恋它，人得了病才想到健康的幸福；时光蹉跎了才会后悔光阴的虚度，与其坐而叹息，不如从现在开始，抓住生命中的每一秒，去为了心中的梦想而奋斗。

希望每一个人都能珍惜当下的每一分每一秒，把生命的烛光点亮，然后照亮自己，照亮他人，把目光从看重自己的焦点转移到他人身上，做一些帮助或服务他人的有意义的工作。如果真的能够一直努力向着这个人生的目标前行，那么当我们走到生命的终点时，回首才不再有遗憾。

做自己想做的事，认真地拼搏在当下，真实地活在今天，因为时光不会为任何人而停留，只有你抓住了生命的每一分每一秒，把握了人生的每一处细节，你生命的长度才有了意义，你所经历的时光也才有了意义。

5.珍惜当下，珍惜眼前的风景

外出旅游的时候，我们经常会看到这样一幕：导游带领一大队游客，挥舞着小旗子，拿着小喇叭高声喊着："请大家抓紧时间，半个小时后我们到门口集合，赶到下一个景区。"

于是，游客们走马观花地游览一下景观，急忙在标志物前拍照留影，以示到此一游，接下来就匆匆离开，赶往下一个景点，等到了下一个景点，依然是如此匆匆。

下一个，下一个，我们总是匆匆地赶往下一个目的地，总是觉得下一个地方会有更美丽的风景。行色匆匆中，游览的目的似乎只是为了证明自己来过此地，全然忘记了欣赏美丽的风景。这样一来，每到一个地方之后，都还没有来得及完全融入和欣赏，又急切地赶往下一个地方了。

下一个景区、下一个假期、下一栋房子、下一份工作、下一个目标……我们匆匆走过此时此地，总是坚信下一个比这一个更适合自己，下一刻比此刻更加美好。诚然，心怀希望可以让人们充满乐观和信心，可是我们应该知道，下一刻只是看不见、摸不到的未来，谁能保证下一刻一定就比此时此刻更美好、更适合呢？

就这样，人们的生活节奏越来越快，正如一首流行歌曲中唱的那样"为了生活，人们四处奔波"。但在这四处奔波的过程中，越来越多的人反而感受不到内心的充实，只能在忙忙碌碌里不堪重负，让生活陷入枯燥乏味。

一位商人邀请朋友到家里做客，整整一个晚上，他都在对朋友倾诉他的烦恼和买卖上的不顺利。他谈到在孟买和土耳其的财产，谈到他所拥有的土地，还有他的咖啡因，还取出从印度买回的珠宝让朋友欣赏。

商人说："我的朋友，我明天又要出门做生意了，等这次生意做完，我可要好好体息一下。做了这么多年生意，我早就想好好休息了，这是我目前最想做的事，但是现在我需要把中国的麝香运到波斯去，听说波斯贵族非常喜欢中国的麝香。然后我再把波斯的地毯运到罗马，再从罗马购买一些雕塑用船运到印度，再从印度买大批香烛运回波斯，等这些做完我就可以休息了。"商人虽面带倦色，可仍滔滔不绝地向朋友宣布他的计划。

朋友笑着问："你刚才所说的生意，要用多长时间才能做完呢？"

商人说："最快也得一两年吧！"

朋友叹了一口气，说道："那你最想做的事——休息，就又要等两三年了。"

人生无常，你永远不知道下一刻会发生什么，未来是不可确定、无从掌握的，将想做的事情放在未来，更是没有任何保障。就像故事中的商人，总想着做完事情之后就要休息，但事情何时才能做完？

更重要的是，没有人能知道明天究竟会发生什么，你也不知道等你终于做完事情的那一刻，是否还真能有好好休息的机会。所以，为什么不把握今天，把握此刻呢？试着把想做的事情放到当下，而不是那不确定的未来。

归根结底，认真把握"今天"，是一种全身心投入人生的生活方式。当你把握住了今天，而没有过去拖在你后面，没有未来拉着你前进时，你全部的力量都集中在这一时刻，生命就会因此具有一种强烈的能量。

看不见的未来只是虚幻，此时此刻才是真实的存在，是我们应该珍惜和把握的。如果我们只把眼光盯在下一刻，而忽视了这一时，将会错失更多的美好。快乐也好，幸福也罢，都是一种即时感受，它是我们此时此刻拥有的美好时光，而不是来自下一刻、几天、几月、几年之后的虚幻感觉。

未来实在太飘渺了，我们永远不知道下一时刻会发生什么，与其沉浸在对未来的空想中，为什么不好好把握此时此刻的美好感觉呢？

著名作家斯宾塞·约翰逊有一部作品的名字叫《礼物》，讲的是一位充满智慧的老人告诉孩子，这世界上有一个特别的礼物，可以让人生获得更多的快乐和成功，可这个礼物只有依靠自己的力量才能找到。

于是，从童年到青年，这个孩子用尽所有的办法四处找寻这个特殊的礼物。可是，他越拼命寻找，就越感到生活得不快乐。后来，这个孩子决定放弃，不再没有目的地追寻。而此时他才赫然发现，苦苦寻找的东西原来一直在他的身边，这个人生最好的礼物就是——"此刻"。

生活中，很多人像这个孩子一样，苦苦地追寻那个特殊的"礼物"。殊不知，这个礼物早就在自己触手可及的地方。只要自己珍惜此时拥有的一切，便可以一直拥有。

然而，可惜的是，有些人只会把无限的希望寄托于下一刻，寄托于看不见又遥远的未来。他们总是处心积虑地做好很多计划，却等着未来的某一刻去实现。这样一来，他们只能被自己设计的"未来"牵绊住脚步，失去现在就迈开脚步的勇气。

年轻时，他是一个拥有雄心壮志的人，对未来充满憧憬和信心。

他总是说"等我有了好的计划，一定要干一番大事业""等我事业有成的时候，一定要盖一栋大房子""等我有时间的时候，一定要周游世界"……

"等到我……的时候""等到我……的时候"，就这样，他一直到而立之年、知天命之年、迟暮之年，那些雄心壮志、美好未来却一个都没有实现。现在，他仍旧经常对别人说起，只是换了一种方式而已："想当初，我……的时候"。

我们总是把太多的时间和精力浪费在对于下一刻的期盼和幻想中，给自己虚构一个美好、虚妄的世界。可是，未来将会怎样，我们永远无法知道，却因为没有了此时此刻而错失最真实的生活，只能浑浑噩噩地度过一生。

生命是短暂的，为什么要将时间浪费在虚无缥缈的未来呢？下一刻不一定比此时此刻更美好，生活就在这短暂的一刻。如果我们珍惜当下，就不会错失现在所拥有的一切，将每一个美好的今天都变成遗憾的昨天。

珍惜当下，珍惜这一刻！拥有了现在，才能创造更加美好的未来。

6.不要忽略任何一天

一天的时间，对于一个梦想而言意味着什么？也许你会觉得微不足道，多一天少一天的时间对于实现梦想的过程来说无关紧要，而梦想早一天或者晚一天实现也实在是件小事情，因此你随意的挥霍掉了一个又一个"一天"的时间。

然而，当你有一天意识到时光蹉跎的时候，就会发现，我们的生命其实就是由这些微不足道的一天又一天构成的。那些获得成功的人，他们的成就也正是因为每一天的不懈努力和付出换来的。我们不经意间所浪费的每一天，其实就是我们通往成功的一级级阶梯，只有坚持一步一步向上攀登，才有可能走得更高，否则的话，永远也抵达不了梦想的顶峰。

其实成功的过程就好比建造房子，我们首先要挖地基，打基础，然后一点一点向上建设，先造柱子，后砌墙，再上楼板，都有着固定的流程，当我们看到一座雄伟的房子矗立在那里的时候，我们在感叹之余，也要看到它建设的过程，了解雄伟背后的辛勤劳动。

因为我们的成功也要经历如此的过程。从小到大，一步一步的去实现。房子不可能一夜之间盖起来，成功也不可能朝夕之间就得到，无论从事任何行业，学习，经商，或者是艺术造诣，要想获得成功，都必须经历一个过程。再伟大的建筑，也需要一砖一瓦一天一天建造起来；再庞大的计划，也需要一步一步按部就班的去实现。

对于艺术家来说，"台上三分钟，台下十年功"，对于运动员来说，赛场上哪怕是提高零点一秒的成绩，也需要千百次的艰苦训练才能达成。成功从来都不是朝夕之间的事情。即便是一举成名的才子，也必然要经过十年寒窗的苦读。想要成功的人，必然要遵守成功的法则，那就是一步一步脚踏实地的努力拼搏，牢牢把握住每一天的收获，积少成多，终究会抵达梦想的终点。

每个人实现梦想之前都必须有一个过程，那是一个没有赞美、没有快乐，只有压力和痛苦的阶段，只不过不同的人需要的时间不同而已。其实每种付出都有回报，成功和失败的距离有时就在于你能否坚持到最后一刻。

如果你付出了努力却一无所获，请不要忙着放弃，不妨试着等待机会。向着成功努力拼搏的路上，我们要牢牢盯住三"天"，就是"昨天"、"今天"和"明天"，回顾昨天，是在回顾我们的付出和收获，看看自己有没有懈怠而虚度光阴；把握"今天"，是在提醒自己能够把握的只有今天，一定要把握好每一个"今天"，才算是抓住了通向成功的金钥匙；展望明天，则是对自己付出努力所得到回报的预期，和对自己不懈奋斗的一种激励。其实成功的秘密就存在于这个简单的过程之中，每一天都努力奋斗，每一天都进步一点点，成功就是这么来的。

有这样一个让许多老师都头疼不已的孩子。初中毕业后，他的分数上不了任何一所高中。家人很无奈，就把他送到了当地一所私立学校。临走时，家人找到校长，希望能帮孩子一把。

这位校长了解到孩子酷爱长跑，第二天早上，校长就出现在跑道上，并叫出那孩子的名字，孩子很是惊讶，从小到大，他还从没被哪个人关注过，他心里起了一种很微妙的感动。

几个星期过去了。一次跑步时，校长对他说："孩子，我想给你提个小小的建议，如果一周之后你做到了，我就满足你一个愿望！——从今天开始，你能不能坚持坐在教室里？当然，只要不影响别人上课，你在教室里干什么都成。"

孩子很爽快地答应了。接下来的一星期里，孩子真的都坐在了教室里。不过，他基本上也没怎么听课。

第二个星期，校长说："从今天开始，你是不是开始写点儿东西了？你想写什么就写什么。"孩子想：就找一些自己喜欢的东西抄抄吧！

第三个星期，校长说："从今天开始，你可以找自己喜欢的学科听一听，顺便记一下笔记，好吗？"孩子就照着做了。

到第四个星期的时候，校长说："从今天开始，你试着去听听你不喜欢的课吧，其实有些东西也很有意思的。"

不知不觉中，孩子在一天天地变化着，唯一不变的，是他们每天早上的长跑。

终于到了满足孩子愿望的时候了。孩子此时已经知道，每天陪自己跑步的就是校长。而且，他们一起跑步的情景让班里的同学很是羡慕。孩子就说想和校长照张相。校长说，这好办！不过我希望与你的第二张合影是你考上大学的时候！

三年过去了，出乎很多人意料的是：这个孩子竟然以优异的成绩考上了某重点大学体育系！

这其实是一个真实的事例，它向我们证明，无论曾经经历过什么样的失败，只要开始懂得，并把握每一天去努力拼搏，就一定能够迎来成功。成功的过程并不是一件轰轰烈烈的大事情，而是每一天进步一点点的小事情。一个人只要确保自己今天比昨天有收获，确保明天比今天更有收获，那么成功就将属于他。

常言道：志士惜年，贤人惜日，圣人惜时。一个人的梦想越是远大，就越是珍惜时间。鲁迅说："哪里有什么天才！我是把别人喝咖啡的功夫用在工作上。"鲁迅总想在一定的时间内多做一些事情。他曾经说过："节省时间，就等于延长一个人的生命。"获取成功的要点之一是每天都要有新的收获。

之所以要强调每一天的努力，是因为只有持续的进步才能让我们从众人之中脱颖而出，成为最终获取成功的那个人。要想做到这一点，我们就必须具备一种坚持的精神。荀子的《劝学》中，有这样一句话："积土成山，风雨兴焉；积水成渊，蛟龙生焉。"讲的就是每天细微的努力经过长期坚持就会取得大成就的道理。

当然，对于大部分人来说，长时间地坚持做同一件事情是非常枯燥的。开始时的热情会慢慢地被重复的工作消磨殆尽，特别是在通往成功的路上，成功有时候看起来很遥远，纵然已经付出了大量的努力，却还是无法触摸到它的身影。其实，你只需要多一点点毅力，每天都有所提升，那么，随着时间的积累，成功总有一天会到来。

《礼记·大学》中有段话："苟日新，日日新，又日新。"老子在《道德经》中说："合抱之木，生于毫末，九层之台，起于累土，千里之行，始于足下。"这些古老的中国经典文化说明了一个道理：量变积累到一定程度就会发生质变。从平凡到优秀再到卓越并不是一件多么神奇的事，你需要做的就是：保证今天比昨天有进步，而明天又比今天有进步，正是这样的看似微不足道的成果的积累，才一点一点构成了未来的成功。因此，认真把握每一天，确保自己每天都能进步，是实现梦想的关键所在。

第七章

DIQIZHANG

先行动起来，
世上没有"万无一失"

　　只有比别人先行动起来，我们才有机会抢到更多的资源。倘若总是姗姗来迟，那么好的资源早就被别人占取了。所以，我们不要老抱怨别人行动太快，要学会在自己身上找找原因。当发现是我们行动比别人慢时，我们才会有赶超他人的机会。

1.思虑越多，问题越多

一条笔直的跑道，瞄准终点，闷着头向前跑就行，倘若在听到起跑的枪响时，还在埋头思考起跑动作、预想起跑后发生的意外、计算跑完所需要的时间等问题，那么结果将是他人已经抵达终点，而你还在原地踏步。

我们需要明白，很多时候我们输给别人，不是因为实力不济，也不是因为我们太过懒惰，而是因为思考过多，延迟了我们的行动。

遇到问题，勤于思考，这是一个值得肯定的好习惯，因为思考可以让问题更清晰，更加努力地去执行。但思考如果过多，就会演变成思虑。思虑会使人瞻前顾后，思虑的东西越多，碰到的问题也将越多，就这样周而复始，最终成为行动上的矮子。

李潇和刘阮是一对好友，也许因为两人都是热爱自由的人，才能谈到一起，玩到一起。两人大学毕业后，不想去企业工作，不想朝九晚五过两点一线的生活，便都选择了自主创业。为了支持李潇和刘阮，两人的父母给了她们一笔创业基金。

这对好友有一个共同的兴趣，就是喜欢西点。她们见自己所居住的城市西点店有很大的市场，便打算在各自的城市开一家西点店。

两年过去了，李潇开了一家甜品店，开了一家蛋糕店，开了一家面包店，生意做得红红火火。反观刘阮，她的西点店竟然一家都没开起来。两人同时创业，为什么李潇会成功，刘阮会失败呢？原因就在于一个是行动派，一个是思想派。

李潇的目标很明确，她要先开一家面包店。有了想法后，她快速找到了一个地理位置不错的门面，找来工人装修。在工人装修的这段时间内，她报了一个西点培训班，专门学习做西点。

店面装修好后，李潇也学得能出师了，然后开始营业。随着面包店的生意越来越好，李潇把隔壁的商铺也盘了下来，将其打通，拓宽了店里的面积。此外，她还招收了几名店员和数名面包师。等店里不需要她也能稳定运营后，她将面包店全盘交给这些店员们，然后开了家蛋糕店和甜品店。她的创业顺利极了，仿佛水到渠成。

刘阮呢？她在开西点店时，想了好多的问题，做了好多的假设。比如，她会思考先开面包店还是蛋糕店，开哪个店客源更多；她会思考找一个多大的店面，她担心店面太大，生意不好的话，连房租都付不起。又担心店内面积太小，生意太好，客人挤不进店内，流失客源；她会思考是自己直接去学习西点，还是直接找几个西点师傅回来？如果自己去学，她担心自己会不会学不好，如果聘请西点师傅的话，师傅会不会半路跳槽？

就这样，刘阮思考的越多，顾虑的就越多，碰到的问题也就越多。以致于，过多的思虑拖住了她行动的步伐。磨磨蹭蹭两年过去了，她都没有开起一家门店，直到她所在的城市陆陆续续开了好几家西点店后，她才惊觉自己错过了最好的先机。

人生成功的秘诀是什么？就是当好的机会来临时，应该立刻抓住它。李潇和刘阮都碰到了机遇，李潇快狠准地抓住了机遇，她不做过多的思虑，选择先行动起来，顺其自然地处理每个阶段所遇到的问题，最后大赚了一笔。刘阮却思虑过多，被瞻前顾后拖住了手脚，最后丧失了先机，几年下来碌碌无为。

机遇是一辆观光车，当它行驶到我们的身边时，只有坐上去，我们才能随它欣赏沿途的风光，倘若没有坐上去，只会在原地踏步。机遇是可遇不可求的，一旦遇见，就应该毫不犹豫地立马抓住，只有抓住了，才会有成功的可能。

什么是物极必反？它是指事物发展到极端，就会向相反的方向转化，这就好比往杯子里倒水，如果一直倒，水则会溢出来。又比如在地球上沿着东边一直往前走，当走过半个地球后，往东走会变成往西走。可见，这世间的万事万物都是有尺度的，思考问题也是如此，它也有尺度可循。

很多时候，过多的思考问题并不能让我们在遇到事情时明朗，反而会因为思考的越多，顾虑的就越多。而顾虑就像是一个雪球，它会越滚越大。如果不做过多思考，先行动起来，最终就能获得到意外之喜。

曾经有两个绝症患者，医生断定他们活不过一年。结果，一个患者半年没到就去世了，另外一个患者活了整整十年。

原来，第一个患者得知自己得了绝症后，他的精神就崩溃了，成天都在想着自己还能活多久？能不能治愈？死后他的家人该怎么办？随着想得越多，顾虑的就越多，最后精神崩溃，生命力被快速耗尽，没有活到医生判定的期限就去世了。

另外一个患者当他知晓自己患了绝症后，他坦然接受了，他从不去想自己还能活多久。他的心态很乐观，能活一天是一天。为了不让自己胡思乱想，他收拾行囊，一个人去旅行，让生命不止于静止，最后活了十年之久。

由此可见，很多时候我们思虑过多并没有多大用处，反而会因为过多的思虑拖住了我们前进的步伐。我们需要知道，这个世界上没有万无一失，因为当事情发展到不同的阶段，它总会诞生出相应的问题，哪怕我们的思虑扼杀了这些问题，也会有新的问题迎面而来。我们要做的是，先去行动，遇到问题后再去思考解决方法。

2.勇气就是在等待中耗尽的

一名画家，如果没有勇气拿起画笔，将永远画不出惊世之作；一名音乐家，如果没有勇气站在在舞台上演奏，将永远籍籍无名。勇气是什么？它是行动的动力。而勇气也是有期限的，如果长时间不行动的话，勇气就会在等待中消耗殆尽。

有一只小候鸟，它在北方度过了春天和夏天。当秋天渐渐来临，天气越来越冷时，其他候鸟陆陆续续迁徙去了南方，只有这只小候鸟因为贪玩，错过了迁徙的最佳时间，但也仅仅是错过了几天而已。

小候鸟虽然是第一次迁徙，但它却很勇敢，也做好了准备，它不怕面对即将来临的寒潮，也不怕面对漫长孤独的迁徙之旅。可是，半个月过去了，小候鸟依然还没有行动，也没有一点要迁徙的念头。它的玩伴就问它怎么还不走？并告诉它，如果天气再冷下去，它就会被冻死。小候鸟不以为然，因为它做好了随时迁徙的准备，只是想再等一等，看看天气会不会升温，它想等天气暖和点再起飞。

秋天过后，来的永远都是冬天，天气只会越来越冷。小候鸟也感受到了气温的变化，它的勇气也在一天比一天冷的气温中渐渐消耗着。直到冬天真正来临，它要走的勇气消耗殆尽，它躲在芦苇丛中瑟瑟发抖，等待它的将是饥寒交迫，将会是死亡。

其实，仔细想一想，很多时候我们何尝不是如小候鸟一样？明明有勇气去完成自己的目标，明明有勇气去实现自己的理想，可是因为缺乏行动力，让勇气在漫长的等待中消耗殆尽，最后忘却了最初的目标与理想。

成功与失败，两者之间隔着的是一座无形的独木桥，独木桥下是滔滔江水。只有从失败的一头沿着独木桥走向成功的那头，才能真正成功。倘若站在失败的这一头，想等江水风平浪静些再走，那么永不止息的江水将使我们永远也抵达不了成功的那一头。由此可见，决定成功的关键除了勇气外，还需要行动力。

每个人都听过龟兔赛跑的故事，乌龟想要跑过兔子，这无异于天方夜谭。但是乌龟却没有退缩，而是选择勇敢迎战。在比赛的过程中，它没有停歇一分一秒，而是闷着头一直向前爬，最后赢了睡懒觉的兔子。试想一下，如果乌龟只有勇气，而不争分夺秒地去爬行，那么它面临的一定会是失败。只有当勇气与行动力双管齐下，才有走向成功的可能。

有句名言说："不在沉默中爆发，就在沉默中灭亡。"同样的，拥有了勇气，如果不去行动，那么勇气就会耗尽。而拥有了勇气，再去行动，那么取得的成果将事半功倍。

她是一个美丽的姑娘，出生在一个贫穷的家庭。有一次，一个芭蕾舞团来到她所读的学校进行演出。她一下子被舞台上饰演白天鹅的高贵美丽的舞者们给吸引住了，她的心里突然有了一个梦想，她要成为一名芭蕾舞演员。

因为家里太穷了，她的父母没有钱送她去学习芭蕾舞，这让她非常沮丧。不过，她并没有放弃自己的梦想，她利用上课之外的时间来锻炼自己身体的柔韧度，照着从网上下载下来的芭蕾舞视频练习一些动作。遇到不懂的地方，她会勤于琢磨，一个舞蹈动作，她也会反复研究。几年下来，凭着自学，她也跳得有模有样，更是练成了连续转圈数个小时都不会晕的绝技。

凭着自己的努力，她被一个芭蕾舞团看中，可是因为个子不高，没有经过专业的舞蹈学习，以致于同伴们常常嘲笑她不适合跳白天鹅，适合跳丑小鸭。说不在意，那是不可能的，但她勇敢地面对跳舞过程中的各种困难。她会将一个舞蹈动作反复练习几千遍，直到找不到一丝问题，别人练一个小时的舞，她会花三五个小时去练习。

最终，她完成了自己的梦想，成为了一名出色的芭蕾舞演员。

这个美丽的姑娘能够实现自己的梦想，是因为她有勇气去面对自己的理想。当然，光是有勇气是不够的，她还付出了行动，没有让自己的勇气在等待中耗尽。试想一下，如果她光有勇气，而不去自我学习，自我练习，那么等她长大后，即便是赚到钱去学习，也会因身体条件不过关，而没法继续学习。所以，这位美丽的姑娘能够实现梦想并不是偶然，她的成功源于她的勇气，更源于她的先行。

你有这样的感受吗？忽然有一天，我们会冲动地想要实现一个理想。这个时候，勇气将会如喷泉一样源源不断地冒出来。如果迟迟不去行动，那么喷泉会越变越小，最后息于平静，这就意味着勇气也就渐渐地消失了。如果这个时候再谈理想，就会有一种理想距离我们很遥远的错觉。人就是这样，越是没有勇气，就越不会去执行，最后理想也会成为一座空城。

纵观历史，每一个实现大一统的朝代，其君主必然要先有野心。这里的野心就是攻打他国的勇气，野心有多大，勇气就有多大。在勇气的鼓动之下，一鼓作气，越战越勇，才能有实现大一统的可能。倘若光有勇气，不去行动，按照朝代发展的规律，最后终将被他国所吞噬。

与其在等待中枯萎，不如在行动中绽放。当心中有了目标，就该鼓起勇气果断迈出第一步，如此，远方的路才会在你的脚下无限延伸。

3. "完成"比"完美"靠谱多了

什么是完美主义？它有点类似强迫症，是一种处处不满意且极度追求完美、毫无瑕疵的想法。那么，你是一个完美主义者吗？先不要急着否认，现在对比一下，你是否有这样一些习惯：

会为每天的生活做计划，并严格按照计划进行；

会因为某些事没有做完善而寝食不安；

会对他人吹毛求疵，对自己诸多苛刻，人际关系非常糟糕；

会在做某件事情时，思考一切尽可能发生的意外，力求让人无可挑剔；

会害怕冒险，害怕尝试任何的新事物；

……

但凡有这些习惯的人，那么你十之八九就是完美主义者。追求完美，这并没有错，因为适当的高要求会令事情做得更好。错误的是什么？是极端地追求完美，这种高要求的完美往往会令我们的生活与工作变得一团糟。所以，与其追求完美，还不如追求完成，因为完成比完美靠谱多了。

"完成"为什么比"完美"靠谱？这就好比跑步，追求完美的人在跑步前，会对球鞋、运动衣、跑步场所有诸多要求，仿佛缺少了其中一样，步就跑不起来，或是不愿意去跑。但追求完成的人就没那么多讲究了，他们会随便穿上一双舒适的球鞋，穿一身宽松的衣裳，选择一条适合的小道，那么跑步就能开始。

又比如一段旅行，追求完美的人在旅行前，会严格挑选入住的旅馆，规划乘坐的路线，把控每个景点游玩的时间，定下用餐的饭店，等等，但凡其中有一项没有预定好，这场旅行就会遥遥无期。追求完成的人会收拾简单的行囊，来一场说走就走的旅行。这趟旅行是随遇而安的，就着面包泡面也能解决一餐。

这么看来，追求完美的过程中，对细节的要求与苛刻会拖住行动的步伐，它更像是一个为不去行动找下的借口。反观"完成"，它虽然不能尽善尽美，会存有瑕疵，但贵在先行，胜在先行。我们需要知道，时间是不等人的，很多事情都是有期限的，所以完成要比完美实际得多。

他是一名青年导演，非常有才华。一年365天，有360天都在工作，按理说，他应该有很多代表作，但事实是，他的作品很少。认识他的人都清楚，他是一个过于追求完美的人，以致于作品但凡有一点儿不让他满意，他宁愿作品蒙尘，也不愿发表出来。所以，他入行好些年了，但在导演圈依旧默默无闻，鲜少有投资商找他当导演，拍片子。

他觉得，他不缺实力，缺的是一个成名的机会。所以，他报名参加了一个以"青春"为主题的青年导演短片大赛，只要他能在这个比赛中获奖，一定会有源源不断的客户来找他拍摄。他见距离提交作品还剩下三个月的时间，便马不停蹄地开始了拍摄的相关工作。

因为他是一个追求完美的人，所以他会亲自写剧本。他会对剧本里的每一句话，每一个情景反反复复斟酌，花了近一个月的时间，修改了很多次，才写出了他认为满意的剧本。之后，他又开始寻找演员。因为剧本是他自己写的，所以他的脑海里对剧本中的每一个角色都有一个清晰的轮廓，在寻找演员时，他会按照心中设想出来的演员来寻找。可是，他的想象太过于完美，以致于在现实中根本找不出这样的演员，就这样耗费了半个多月的时间，他退让了一些标准，才找到了勉强让他满意的演员。

在拍摄时，他力求每个镜头都完美无暇。可是，找来的演员与他心中设想出来的完美演员相差很大，所以演员们的一个表情不到位，台词说得不让他满意，打光不到位，甚至是拍摄的镜头里背景有丁点儿瑕疵，他都会重新拍，就这样一遍又一遍地重新开始。他的过于苛刻令演员们非常反感，其中好几个演员都和他发生了争执。所以，一个小小的短片，他拍摄了一个多月才完成。

拍完后，距离比赛截止时间只有两天了，他找来了剪辑师剪辑短片。剪辑师剪辑很多遍，他怎么看都不满意。眼看比赛的截止时间就要到了，他还是没有弄好。因为他是一个完美主义者，他不想用不完美的短片去报名，最后他选择了放弃比赛，就这样平白浪费了三个月的时光和一大笔拍摄资金。

又是好几年过去了，与他同时期的青年导演，很多都很有名气了，只有他还是一个无名小卒。

有句名言说："你以为你以为的，就是你以为的？"所以，你所追求的完美就真的是完美的吗？很多时候，我们自以为的完美，在他人眼中并非是完美的。然而，过分的追求心中所谓的完美却会令我们平白丢失很多的机会。就像事例中的青年导演，他很有才华，而且还很勤奋，如果他不执著于所谓的完美，那么在社会中肯定会快速地崭露头角，可惜他太看中完美，忽略了完成，丧失了很多机会。

追求完美是一种拖延行动的行为，回过头想想，很多时候追求完美所注重的细节，所消耗的时间，并没有对事情的最终发展带来太大的帮助。

在职场上有这么一句话："与其花时间追求完美，不如快点做，不美观也没关系。我们不要三天做出的100分，而要三个小时做出的60分。与其花时间从一开始以100分为目标，不如尽早推进工作得出结果，即便是做得粗糙一点儿也可以。"

我们的身边，完美主义者只占少数，普通人并不会用完美的标准去要求自己，或是他人，他们更看重的是完成。因为追求完美会影响团队的效率，常常达不到好的效果，完成更加受他们的青睐。"完成"比"完美"靠谱，也正是因为"完成"能给人底气，而"完美"却令人惴惴不安。

因此，我们在面对一些事时，要明白完成比完美更重要，要先行动，而不是去理想化。在执行时，要在短时间内理清思路，确定方案。一旦方案落实，就不要再纠结其中的细节，应该毫不犹豫地去执行。当然，我们提倡的"完成"，并不是不注重质量。而是要在完成的基础上再用多余的时间追求一下完美，这是可行的。

我们都玩过七巧板，正是因为那些不规则的形状，才组成了形状规则的七巧板。我们所遇到的事物也一样，许许多多的不完美汇聚在一起，最后构建出的可能就是完美。我们的行动比想象更有利，"完成"比"完美"要靠谱得多。

4. "东风"转瞬即逝，哪能等你"万事俱备"

《三国演义》中，在赤壁大战之前，周瑜定计用火攻破敌。一天，周瑜检查水军时，忽然想到如果不刮东风的话，火攻之计就用不了，焦急之下，周瑜病来如山倒。诸葛亮前来探望时，猜到了周瑜的病因，便在药方上写下一句话：万事俱备，只欠东风。最后，东风来了，周瑜破敌，打了胜仗。

在小说里，作者可以等主人翁万事俱备了以后，然后再派去"东风"。但在现实生活中，东风可能不会来，可能来了又转瞬即逝，根本不会为我们驻足，不会等我们万事俱备之时。那么，在没有万事俱备时，我们就不能借助东风了吗？当然不是。

俗话说："不打无准备的仗。"但世间万物变幻无常，很多事都是不可预料的，可能等我们准备好行动时，最有利的时机已经过去，最后白白浪费了准备的时间。与其如此，还不如先去行动，至少可以抓住东风的尾巴，最后也能有益可图。

在灾难片《2012》中，男主人在地震来临时，开着车飞奔到女主人家。当男主人催促女主人和孩子们赶紧上车时，女主人却要求和孩子们收拾些想要的东西。男主人无法理解，地震都要来了，为什么还要浪费生的机会去收拾一些身外之物呢？因为是电影，又因为男女主人要有"主角光环"，所以才会幸存。

在灾难即将来临时，活着的人从来都是不做任何准备就去逃命的人，反观那些在灾难来临前还在收拾行囊磨磨蹭蹭的人们，他们通常会被灾难夺去了生命，丧失了生机。灾难降临前的时间是有限的，它不会等人们准备好了才会来，也不会等你准备妥当后，还有逃生的机会。

很多时机都是来也匆匆，去也匆匆，根本不会给人犹豫或准备的时间，就像卡耐基说的："当机会呈现在眼前时，若能牢牢掌握，十之八九都能够获得成功，克服偶发事件。"所以，当机会来临时，我们要抓住机会，立马行动，而不是去做那些虚无缥缈的准备。

小秦大学毕业后，进入了一家互联网公司工作，成为了一名程序员。他工作认真，勤劳肯干，善于学习新技术，非常受领导的青睐。

都说不想当将军的士兵不是好士兵，小秦也有着一颗将军梦。他憧憬着有一天自己会成为技术大神，带领一支属于自己的技术团队。他觉得，这个梦想应该要好几年后才会实现，毕竟现在距离他毕业不足三年，不仅资历浅，需要学习的地方还有很多。

令小秦意想不到的是，他所在团队的领导生了一场大病，要离职休养。这位领导在离开前夕找他谈话了，说要把位置转交给他。对小秦而言，这无疑是天上掉馅饼的好事，可是这块馅饼太大太重，他根本拿不动，所以，他当时无意识地对领导说："领导，我还没有准备好，我觉得自己目前无法胜任。"

这位领导听后，皱着眉头说："什么是准备好？什么又是没准备好？你需要明白，很多事情并不是需要具备了某种能力才会去做，当你真正做了的时候，才可以在做这件事的时候，慢慢摸索并掌握相应的能力。"

领导见小秦还有些迷茫，他继续说："小秦，如果你一直用一名程序员的眼光看待事物，那么你认为一个管理者应该具备什么样的能力，其实都是你臆想出来的。只有你真的成为了一名管理人员，你所做的事，所获得的经验，才是一名管理人员所需要获得的能力。很多事是不等人的，很多机会也不会在原地等你，当你觉得自己准备好了的时候，一切都晚了。"

小秦听后，豁然开朗，他听从了领导的话，在没有准备的情况下先抓住了机会，担任了领导的职位。不可否认，小秦面临的压力非常大，为了让同事们信服，他努力学习新技术，为了和同事们和谐相处，他参与同事们举办的一切活动。就这样，一年下来，小秦成功地完成了角色转换，能够独立领导团队了。

都说机会是留给有准备的人，可是很多时候，机会都是在人们没有准备的情况下悄然而至。面对十分难得的机会，我们要白白放弃，还是要牢牢抓住呢？事例中的小秦，如果等他准备好，那么升职的机会一定会错过，可能过个三五年、十来年，他都不一定能够再次等来这样的好机会。好在，小秦抓住了机会，即使他什么也没有准备，他在抓住机会后，勤奋学习技能和努力学习一名管理人所具备的能力，不知不觉就完成了工作。

东风就是这么神出鬼没，它吹来时，可不会问一句你有没有准备好，或是等你准备好再吹来。机遇都是可遇而不可求的，它不会给人犹豫，不会给人迟疑，没有搭上机遇这辆末班车，错过了也就错过了。所以，哪怕我们没有万事俱备，当东风来临时，也要立马行动，乘着这股东风而去。至于准备工作，完全可以在这场"东风"中准备。

李成毕业于一所三流大学，他应聘了很多大企业，但都被淘汰了。就在他准备退而求其次时，一家比较不错的大企业看中了他。这家企业的工作人员打电话通知他时，特地询问他会不会开车，并告知他，他们公司要求每一位员工都必须会开车。

　　事实上，李成并不会开车，但是他想到承认自己不会开车就会丢掉心仪的工作，就硬着头皮给了肯定的回答。他的回答令对方很满意，并通知他年后入职。

　　李成算了下时间，距离年后入职还有二十多天，他赶忙去驾校报名，并且报的是VIP快速通道，他抓紧时间，每天花大量时间去练习。好在他的运气不错，每一个科目的考试他都一次性通过了，在入职前，成功拿到了驾照。

　　李成被大企业看中，对他来说，无疑是一个机会。如果当时李成说自己不会开车，那么这个机会肯定会悄悄溜走，它不可能等李成准备好一切了再去找他。不过，李成选择先抓住机会，之后再去考驾照，并在入职之前考到了驾照，顺利地进入了大企业。

　　不可否认，很多人都不喜欢走不知前景的路，既然如此，就要提早准备好，只有这样，才能在启程时从容应对。然而，当机会突然出现时，也不要管自己有没有准备好，都应该要硬着头皮往前走。因为机会不等人，只有抓住机会，才有成功的可能。

　　"万事俱备，只欠东风。"看起来，距离成功不远，但如果抓不住那稍纵即逝的东风，万事俱备也成空，所以，当东风来临，机会出现时，我们要做的就是立马行动，果断出击。

5.把 "待办事项" 变成 "必办事项"

谚语说："闲时无计划，忙时多费力。"为了能有条不紊地生活，为了能更好地完成工作，很多人都会为自己制定一些计划。然而，理想是美好的，现实却是残酷的，回过头去看看计划表上的待办事项，又有多少完成了呢?

为自己的每个阶段做计划，这是一件值得肯定的事，有计划才能不慌不忙。可是很多时候，计划又成了拖延我们及时行动的累赘。这就好比按照计划表完成了一个计划，当看到下一个计划项目时，很多人都不会立马行动起来，而是准备等到项目计划的那一天再去执行。然而，人是有惰性的，随着时间的推移，惰性会越来越强，计划表中的待办项目，十有八九会成为未完成项目。

想要扼杀惰性很简单，就是当完成了计划表中的一个计划后，要一鼓作气，立刻执行下一个项目，让"待办事项"变成"必办事项"才行。

赵娜在一家大企业担任会计，她做会计很多年了，能够熟练地完成企业里货币资金核算，企业资金支出与收益的核算、工资核算等工作。都说会计这一行，月头轻松没事干，月尾忙碌累成狗，这是因为很多票据都需要在月尾一起核算，很多会计也都习惯了这样的流程，以致于等到月末，票据过多时，不得不加班加点去干。

赵娜是一位经验丰富的会计，她没有月尾忙成陀螺的烦恼，因为她会为自己规划，将每个月的待办事项写在计划表上。比如，她会每隔一个星期计算一下收到的各项票据，等月尾时，就不会那么忙。

赵娜所在的企业是一个正处在上升期的企业，就在这个月，企业谈成了一笔大单子，每天都会有很多笔的支出和收益。同事见赵娜每天都不整理那些堆成山的票据，便善意地提醒她："娜娜，这个月的票据这么多，你每天不核算些，后面肯定干不完。"

然而，赵娜不以为然，她笑着说："没事的，我都计划好了，今天不是核算的日子。"

同事们对于赵娜的做法很不理解，明明有时间去做，却偏偏要拖延，把所谓的计划及时处理掉，不是更好吗？

就这样，一个星期过去了，赵娜这才不慌不忙地干起活来。令她没想到的是，一个星期堆积了太多的票据，光是分类整理，都花费了她好几天的时间，等她将当月第一个星期的票据核算完毕后，已经过去了一个多星期。当月第二个星期的票据堆积得更多，她计划上的第二星期的待办事项也都成了未办事项。就这样，赵娜刚核算完一波，票据又送来一波，加班加点都没有将当月的票据核算完。

月底时，领导找赵娜要报表，赵娜窘迫地说没有做完。这位领导也清楚赵娜平时的工作计划，他皱着眉头语重心长地对赵娜说："小赵呀，有计划是好事，但是计划上的待办事项，最好能变成必办事项，及时行动才能确保万无一失。"

不可否认，在企业不忙的时候，赵娜的计划让她的工作变得非常轻松，然而当公司繁忙之时，她的计划却成了拖延她行动的催命符。因为不及时处理那些待办事项，让工作越积越多，最后待办事项就成了未办事项。

相信，生活中，职场中，如赵娜一样的人不在少数。在处理一件事时，总喜欢给这件事设置一个开始处理的期限，非得等到那一天才去办不可。明明可以立马行动，为什么要拖拖拉拉呢？我们需要明白，很多事物都是有期限的，错过了这个村就没有那个店，只有将待办事项变成必办事项，才不会令自己后悔莫及。

有这样一个故事，说得是一位农民秋收的事。

这位农民是一个种田的好手，他地里的麦子长得十分饱满，麦穗沉甸甸的喜人极了。所有人都说他今年会有一个好收成，农民们也都预言今年的麦子能让他赚上一笔。

到了秋天，地里的麦子都成熟了，人们早早起床收割麦子，只有这位农民没有行动。有好奇的人问他："大家都起早贪黑地收割麦子，你为什么不去割呀？"

这位农民笑着说："我往年都是在秋季的第二个月收割的，现在还没有到我计划收割的日子！"

农民的话，让人们不理解，明明麦子都已经重得垂下了腰了，早在半个月前就能收割了，为什么非要等到计划的日子才去收割？当然，大家都没有多劝农民。

就这样，又过了一个星期，地里只剩下农民的麦子没有割了。这一天傍晚，天像是破了个窟窿，一场暴雨倾盆而下，雨水中还夹着冰雹。农民见到这样恶劣的天气，连忙跑到了自己的麦田，只见硕大的雨滴击落了自己的麦穗，坚硬的冰雹砸断了麦秆。想到雨水过后自己将颗粒无收，他不禁坐在地上大哭起来，也非常后悔自己怎么没有在麦子成熟的时候及时去收割。

俗话说："计划赶不上变化。"如果农民能够在麦子成熟之际，快点将麦田收割，那么这一年对他而言，一定是个丰收年。然而，农民却陷入了自己的计划中，被计划拖住了行动的步伐，最后颗粒无收。

当我们决定要做一件事，或是要实现某个愿望时，一定不要犹豫，不要纠结，也不要去固守计划，而应该要立马行动，让待办事项成为必办事项才不会有后悔的时刻。

6.不是笨鸟，也要先飞

很久以前，在北方的一座大森林里，住着一群鸟儿，这群鸟儿中，有一只灰色的鸟儿不仅聪明，而且飞行速度极快，与灰鸟恰恰相反的是白鸟，不仅愚笨，飞行的时候也很迟钝。

每一年，北方的鸟儿都会飞去南方过冬。聪明的灰鸟每一次都是第一个抵达目的地，它从来没有迷失过方向。愚笨的白鸟就没那么幸运了，它每一次都是最后一个抵达目的地，且在飞行途中迷失过很多次方向，有几次差点冻死在飞往南方的路上。

这一年，秋季还没过去，在所有的鸟儿还在嬉戏玩耍时，白鸟便站在枝头上，它准备现在就要动身飞往南方。很多鸟儿不明白，就问白鸟："明明秋季还没有过去，为什么你这么早就去南方呢？"

白鸟回答说："我很笨，飞得又慢，只有比你们先飞，才能在冬季来临前安全抵达目的地。"说完，白鸟振翅朝南方飞去。

秋季过去了，天气渐渐有了冷意。鸟儿们整装待发，准备成群结队飞往南方。有的鸟儿发现灰鸟不在队伍里就出去寻找，等找到灰鸟时，发现灰鸟正在睡大觉。灰鸟得知鸟群马上要飞往南方的消息后，它毫不犹豫地拒绝了一起飞行的邀请，它表示自己要迟一点飞去南方。鸟儿纷纷询问灰鸟："你为什么不和我们一起飞呢？"

灰鸟说："我那么聪明，飞得又快，就算迟你们几天，也能比你们率先抵达目的地。"

就这样，鸟群飞走了，只有灰鸟留在大森林里和小动物们玩耍嬉戏。

灰鸟直到冬季彻底降临，才扑棱着翅膀往南飞。可是，冬天的风太刺骨，雪花比鹅毛还大，它最终冻死在去南方的途中。

什么是笨鸟先飞？它是指当一个人才智不如人时，凡事都要比人赶先一步。那么不笨的人呢，就应该仗着聪明原地踏步，等到了合适的时机才起飞吗？答案是否定的。

故事里的白鸟，它虽然处处不如灰鸟，但它却率先起飞了，早早地飞到了南方，度过了寒冬。灰鸟处处比白鸟强，但却仗着自己的聪明和敏捷，迟迟不飞去南方，最终聪明反被聪明误，冻死在途中。可见，笨鸟需要先飞，不笨的鸟，也要先飞。

现在，请自我感觉下，你是一个聪明的人吗？你会仗着自己的聪明来拖延时间做一件事吗？那么，你的迟迟不行动最后回馈给你的结果又是什么呢？相信，十之八九的结果都是不尽人意的。这就好比，一个聪明的人去参加一场考试，明明可以考一百分，可是因为觉得自己聪明，又觉得考题太小儿科，等到距离考试快结束时才提笔开写，那么最后的考分绝对不会是满分，因为匆忙的结果总会因为马虎或没有写完而扣分。

又比如一个长跑健将去长跑，当起跑时的枪声响起后，明明可以快速夺得第一，可是却对自己的实力很自信，非要等到其他选手跑了一半再跑，却不想其他选手也会有潜能的出现，最终与第一失之交臂。

这个社会，向来不缺乏人才，但有的人才却被拍死在了沙滩上。归根究底还是聪明惹的祸，因为自信，他们选择了原地踏步。殊不知，真正聪明的人也在学笨鸟先飞，等先飞的人看不见踪影再去追，恐怕怎么也追不上了。

　　小宋是一名计算机系的高材生，大学毕业后，进入了一家企业工作，与七八名计算机高手成为了同事。众所周知，与计算机相关的知识更新换代太快，哪怕步入了工作岗位，也要不停地学习，否则就会被淘汰掉。

　　每当有计算机的新教程时，小宋都会主动学习，其余同事看到他那么勤奋，就对他说："你现在所学的教程太先进了，我们企业根本用不着，等需要的时候再学好了。"

　　小宋对此笑着说："知识都是不嫌多的，趁着有时间，多学习学习没有坏处。"

　　当其他人都是用工作之外的时间玩乐时，小宋却定下心来学习。渐渐的，他在计算机方面的学识超越了每一个同事。而他自学的那些知识，终于在一天派上了用场。

　　那一天，公司的系统突然崩溃了，计算机组的同事全都一筹莫展，让领导发了好大一顿火。小宋见同事们查看计算机新教程时，他站了出来，利用自己学的新知识，轻松地修复好了公司系统。他的这次表现，令领导十分满意。也正是因为这次，小宋被提拔成了他所在小组的组长。

　　这个世界上，聪明的人不令人忌惮，令人忌惮的是那些聪明还要学笨的人，以及笨鸟先飞的人。就如事例中的小宋，他的同事每一个都是计算机高手，可是这些高手们安于现状，想要等遇到无法解决的问题后，再去学习，可是殊不知，真正聪明的人早已经在负重前行了。

　　天分是上天给予的礼物，只有及时利用起天分，才不会令天分蒙尘。笨鸟尚会先飞，不是笨鸟，更要先飞。

7.你与不留遗憾只距离一步

　　人生活的最终目标是什么？不是获得多少成就，不是取得多少成功，而是不留遗憾。遗憾是令人不满意的事，更是令人悔恨或不甘心的事。我们每一个人一生都会有很多遗憾，会为这些遗憾后悔、痛苦，每当回想起这些遗憾时，会感慨我们与不留遗憾其实仅有一步之遥。

　　一段山路，我们可以用三天的时间走完，也可以用两天的时间走完。然而，绝大多数人总是会选择用三天去走。倘若第三天时，忽然下起了暴雨，那么，这段山路绝对不会在三天内走完了。于是，就会后悔为什么不在第一天第二天走完当天的路程后，再走一段第三天的路程呢？很多时候，遗憾就是这么产生的。

　　我们做一件事情时，在完成了当天的任务后，不要等到隔天才来做隔天的任务，应该要将隔天的任务先行动起来，只有这样，才能让自己不留遗憾。

　　李培和罗琳两个人是大学同学，大学毕业后，进入了同一家企业担任法律顾问。每一次与公司领导去别的公司签合同时，李培和罗琳都会仔细查看条款，以免被合作企业坑骗。然而，每一家企业拟定的条款都有迷惑性极强的词汇，稍微不注意，就会吃很大的亏。

　　李培和罗琳两人大学毕业没多久，哪方面都比不上在职场上扎根多年的法律顾问，所以每一次看条款遇到迷惑性的词时，她们都会讨论，或者使用工具书去查询。

随着接触的企业越多，李培和罗琳渐渐有些力不从心，她们想要系统地学习这方面的知识，也想提升一下自己，于是，两人做了一个大胆的决定，就是辞职考研究生。对于她们这个决定，企业的老板非常支持，并表示，李培和罗琳研究生毕业后，可以继续来企业工作。

李培和罗琳受到了鼓舞，她们报考研究生后，立马买来了大量的考试用书籍。李培每一天都规划好，早上八点起床，吃完饭后，立马投入学习，一直学习到下午五点结束。至于晚上的时间，李培用来放松自己。罗琳白天的作息和李培一样，但晚上的时候，她会抽出一个小时继续看书。

李培见罗琳那么用功，就打趣她说："我们每天看那么长时间的书，不在乎多一个小时吧？"

罗琳笑着说："我每天晚上先看一个小时明天的内容，可以提早把书看完。"

就这样，两人按照自己的习惯去看书。日子过得非常快，眼看快要考试了，罗琳早已经把书看完了，只有李培还有一点点内容没有看完。对此，李培不打算看了，她觉得考试应该考不到那些内容。可是现实却告诉李培，她想错了，因为试卷上出现了大量她认为考不到的内容，这些内容恰是她没有看过的。

最终，罗琳考上了自己心仪的学校，李培虽然也考上了研究生，但是录取她的学校并不是她最想去的那所。后来，李培研究生毕业，步入职场好多年后，都非常遗憾，后悔当初怎么不向罗琳学习每天多看一点明天的内容？

李培与不留遗憾仅仅只有一步之遥，正如她的后悔，如果当初她能够在每天看完书以后，再多看一个小时或半个小时隔天的内容，那么她余下的内容一定也能够看完，就不会与她心仪的学校失之交臂。

反观罗琳，她因为没有被疲惫和懒惰拖住自己先行的步伐，最后考入了理想中的学校。

每个人的前方都有一条路，路的四周弥漫了浓雾，当我们选择不再前行时，是因为疲惫了，是因为觉得前方无望看不到终点了。正是因为这些消极的想法绑住了我们行动的步伐，殊不知，再走几步就能豁然开朗。

居里夫人提炼镭元素时，实验了无数次，失败了无数次，她没有让沮丧成为绑住自己前行的步伐，她选择了继续实验，最后的结果没有令自己遗憾；爱迪生发明电灯泡时做了数千次的实验，他也没有被失败打击住，没有让失败成为阻碍自己前进的绊脚石，最终获得了成功，也没有令自己留下遗憾。

万事万物无时不在运动，作为凡人的我们，无法去预料事情的结果，因为所有事物都有可能峰回路转，都有可能柳暗花明又一村。我们要做的，是永远不停止我们的行动，只有先行动起来，才会万无一失。

文斌是一名业务员，最近，他所在的小组要选拔出一名组长，而领导提拔的条件就是签成与某个大公司的一笔订单。

这个大公司的订单签成后能够稳赚不赔，且有很大的利润空间，所以不止是文斌的公司想签，其他公司也想签。于是，文斌和他的同事，以及其他公司的业务员们，接二连三跑去找这个大公司的项目负责人。

这个大公司的项目负责人脾气非常古怪，三两句谈不拢，就会毫不留情地将人赶走，而且还非常的挑剔。以致于刘斌和他的同事，以及其他公司的业务员全都在这个项目负责人面前屡屡碰壁，被赶走了很多次。用这些业务员的话说，这个项目负责人比皇帝还难伺候。所以，很多业务员打了退堂鼓，他们不是拉不下脸，就是觉得无望谈成这个项目，所以不是放弃，就是选择再观望一番。

文斌的心里也不好受，都说买卖不成情意在，可是对方负责人真把自己当回事，赶人的话、挑剔的话，说得非常难听。稍微有些脾气的人，肯定不会再去找气受，文斌也接连谈了好几次，每一次都以失败告终。不过，在他人犹豫不前或打算放弃时，他选择了先行一步，继续找那个项目负责人谈。没想到的是，他的率先行动真的让他谈成了，最终签下了订单，顺理成地被领导提升成了组长。

当别人选择止步不前时，这对我们来说是有利的，我们可以一鼓作气，一下子将人赶超，占据先机。就像事例中的文斌，他的同事与同行们选择放弃、选择观望时，对文斌来说未尝不是一个机遇，他率先行动，获得了成功。当文斌的同事和同行们看到文斌签成合同后，无疑会遗憾、会后悔自己怎么不再走一步。

人生中大多数的遗憾，都是因为自己的退缩造成的。退缩是拖累我们行动的累赘，会让我们与成功错过。所以，想要人生不留遗憾，就要先行动起来。

8.先想后行，不如先行后想

一名赛车手，当比赛开始时，他会猛踩油门朝终点驶去。在行驶的途中，他会处理各种突发状况，会思考怎么走对自己有利。倘若在比赛开始时，停在原地规划行驶路线，思考怎么应对突发的状况，那么思考完毕后，先行的车已经抵达终点了。

很多时候，我们提倡做事情前要先想一想，想好再做才不会出错，但我们需要明白，先想后行是建立在时间充裕，没有任何条件限制的情况下，可是很多时候，当我们三思而后行时，没准黄花菜都已经凉了。在生活或职场中，很多事情都是被条条框框所圈住，它容不得我们先想后行。那么在来不及思考的情况下，我们就必须要放弃行动吗？当然不，我们可以先行后想。

很多综艺节目中都有这样一个环节，就是听一首歌曲的片头，然后猜歌曲的名字。在播放歌曲前，节目组会让嘉宾站在起点，等歌曲响起后，才能去抢话筒，而话筒又与起点距离一段路程，有些嘉宾会等到听出歌曲的名字后，才会向话筒走去，有些嘉宾则会先跑向话筒，在跑的途中想歌曲的名字。如果播放的歌曲人人都很熟悉的话，那么先跑后想的嘉宾一定赢过先想后跑的嘉宾。

一个人惯有的思维模式是先想后动，我们想要掌握先机，领先他人一步，就要改变惯性思维模式，要先动后想。

老孙是一名技术工，因为老实肯干，二十多年后，也成了公司的中层领导，平时主要负责指导或分配技术人员的工作事宜。最近，公司要与国外一家公司商谈一个项目，所以分派了一个任务给老孙，就是让老孙去国外接那家外企的项目负责人来中国，并让老孙与那些外国人搞好关系。

公司表示，只要老孙能博得那些外国人的好感，年底就将他提升为高层领导。对老孙来说，这是一个甜蜜的负担，它的甜蜜之处在于他终于有了一个升职的机会，负担则在于老孙没有读过大学，高中毕业后，他直接去读了技校，再加上这么多年过去了，脑子里的英语早就还给老师们了，所以，他既说不好英语，也听不懂英语。

老孙没有时间去学习了，因为等他学好日常交际用的英语后，这个机会早就没了。怎么办？难道要放弃吗？老孙选择说NO，他决定把握机会，先启程，然后再想其他问题。老孙在飞机上临时学了一些非常简单的日常英语，他又在网上搜索了一下，在英语很差的情况下怎么和老外交流的技巧，然后总结了很多的方法。

下了飞机后，老孙找不到机场出口，他用手机下载的英汉词典软件翻译机场内标牌上的英语，最后成功走出了机场。在机场外，他碰到了一个好心的中国人，这位同胞帮他规划好了乘车路线，顺利抵达了那家外企。

在与那群外国人打交道时，老孙用蹩脚的英语打招呼，脸上笑容不断，让外国人好感倍生。然后，老孙用手机下载的同声翻译软件与外国友人交谈。外国人也知道老孙英语不好，所以英语说得非常慢。

值得庆幸的是，与老孙打交道的几名外国人都非常和蔼，他们磕磕碰碰地聊着中国美食、中国功夫。老孙在语言不通的情况下，也不知不觉获得了他们的好感。老孙的公司与外企顺利地谈成了项目，老孙也被升为了高层领导。

一般来说，先想后行，可以让很多事情无后顾之忧，但在事例中，先想后行会让老孙丢失升职的机会。好在，老孙抓住了机会，他选择先行后想，在行动时思考即将面临的问题，然后做出处理方案，最后圆满完成了任务。

不可否认，我们在面对一些未知的事情时，先想后行，可以让我们很有底气。但很多时候，我们失败就在于先想后行，因为，先想后行会让我们想到很多令我们畏惧的问题，然后害怕前行。但先行后想就不同了，它有一种兵来将挡水来土掩之势，让我们有勇气面对突然来临的各种难题。

小王和小李是一对难兄难弟，为什么这么说呢？原来，这两人是发小，前不久相约去海边玩。到了那里，两人报了很多海上游玩的项目，但不巧的是，在乘坐小艇时，小艇翻船了，两人全都落到了水里，喝了饱饱一顿水，还把这两只旱鸭子吓得够呛。回去后，两人报了游泳班，势必要学会游泳。

小王是个心思细腻的人，干什么事都会先想一番，然后再行动。到了泳池后，他没有立即下水，而是在想，自己到了水里要用什么动作游，被水淹没时要怎么闭气，等等。想得越多，小王就越害怕，再加上在海边落水时的窒息感历历在目，让他怎么都不肯下水了。哪怕游泳教练保证不让他呛水，他也没有勇气下水。

反观小李，他向来是个行动派，教练说了一些注意事项后，他就跟着教练下水了。在游泳时，遇到问题，他及时思考并解决，也会向教练请教。仅用了两天的时间，就学会了游泳。

人是需要勇气的，勇气是一把利剑，它能够披荆斩棘，让我们一路前行。倘若缺少了勇气，做什么事都会瞻前顾后。所以，在面对一些人或事时，越是知道自己缺乏勇气，越要让行动先行。

　　需要注意的是，先行动后思考并非是说让人做事不动脑筋，一味地闷头往前冲，而是在行动中思考、反思和总结，通过不断修正，最后实现目标。

9.不是别人行动快，而是你行动慢

闻鸡起舞是一个成语，它是指听到鸡鸣声后就起来练武。这个成语出自一个非常有趣的典故：

据说，晋代时有两名著名的将领，名叫祖逖和刘琨。这两人志同道合，希望为国家出力，干一番大事业。他们两人白天在衙门里供职，晚上合盖一床被子睡觉。两人还有一个相同的习惯，就是每天清晨起来练习武术，增强体魄。

一天清晨，祖逖忽然被一阵鸡鸣声惊醒，他叫醒刘琨，说："你听到鸡叫声了吗？"

刘琨侧耳细细听了一会儿，说："听到了。"之后，他用被子裹住头，抱怨说："这鸡真可恶，干嘛起那么早，还让不让人好好睡觉了？"

祖逖下了床，穿起了衣服。刘琨见状，就问："现在天还没有亮，你这么早起床干嘛？"

祖逖却说："鸡都知道早早起来打鸣，我们怎么能落后于鸡呢！从今天起，我们听到鸡鸣后，就要起来练武。"

刘琨觉得，比起鸡来，他们确实起得很晚了，于是跟着穿好衣服，两人来到院子里练起武来，直到曙光初露。

与普通人相比，祖逖和刘琨无疑起得比较早。可是，两人并不是起得最早的，因为听到鸡鸣声开始读书、劳作、练武的人大有人在。

很多时候，你觉得自己已经早早行动了，可事实却是，比你先行动起来的人比比皆是。或许你会觉得是别人的行动太快了，其实不然，原因是你自己行动的太慢。然而，成败往往就在眨眼之间，你比别人晚行动一秒，结果就会成为失败的一方。这就好比打架，别人打你三拳后，你才出拳，那么先受伤的你将很难反败为胜；又好比在市场上抢东西，当别人早早挤到商品区了，你才迟迟行动，等你抵达后，商品早就被抢空了。

湘江是个很美的地方，船和桥是那里最常见的风景。特别在一些偏远的村子里，想要通过，必须要走过长长的独木桥。

某个村子有一对兄弟，他们早早分家，兄弟俩每天都要挑菜去遥远的市集贩卖，而市集外连接着一座独木桥，只有走过独木桥，才能抵达市集。

每天早上，弟弟挑着菜来到市集外的独木桥边上时，都会发现哥哥已经走在了桥上。这座独木桥非常窄，看上去也不那么结实，因此每次只能有一人通过，于是每天等哥哥抵达桥那头后，弟弟才能走上桥。可问题是，独木桥的那头就是市集，每天哥哥一过桥，他的菜就会被抢光，等弟弟过了桥后，很多人已经买过哥哥的菜了，就意味着他的菜就总是卖不完。

有一天，弟弟终于爆发了，他生气地对哥哥说："大家的生活都不容易，为什么你每天总走在我前头，把生意都抢走呢？你这个哥哥当得太不称职了！"

弟弟的话让哥哥很无奈，他叹了一口气说："不是我不厚道要抢你的生意，我们每天都是在同一时间出门的。既然你不满意我走在你前头，那么你就要提前比我出门。"

弟弟抱怨哥哥总是走在他前头，害得他没有生意。可事实是，哥哥一点儿也没有错。如果弟弟能比哥哥早点儿出门，那么走在前头的就不是哥哥了。在现实生活中，像弟弟这样的人并不在少数，他们总是责怪别人行动快，却从来没有想过是自己行动慢。我们不是神，我们无法掌控别人的行为，如果不想落后于人，唯有比他人先行动起来。

很多时候，我们会发现，那些能够成功的人与我们之间的硬件差距似乎并没有很大，我们的资质相差不多、年龄相差不大、社会关系也没有太大的区别，可为什么偏偏他们能够成功，而我们却总是失败呢？是运气使然吗？当然，不可否认，运气的确会影响到一些分数，但归根结底，真正拉开我们之间差距的，是我们在行动上的快慢。

人与人之间，无时无刻不在进行着一场比赛。你总是输给别人，不是因为别人太努力，而是因为你不够努力。所有的事物都讲究一个先来后到，先来的人都尽情地挑选自己喜欢的，而后到的人就没有挑选的资格，只能捡别人不要的。所以，与其抱怨别人行动太快，不如提醒自己立即行动起来。

成功在前头，失败在后头。想成功，就该闷着头往前冲，不能给他人丝毫赶超的机会。

第八章 问题在"想"中滋生，答案在"做"里诞生

DIBAZHANG

一段路，如果你想要知道有多长，必须要走起来。倘若光想着自己何时抵达，那么将永远不会知道路的长短。同理，一个问题，如果想知道答案，必然要去执行。如果只是想着各种解决方法而不去执行，那么将始终无法获知问题的最终答案。

每个人都需要明白，想是原地踏步，做才能抵达终点。

1.想得越多，问题就越多

亚历山大大帝在进兵亚细亚时，听说了一个非常著名的预言：

据说，在很多年前，西亚西弗尼吉亚城的戈迪亚斯王在他的牛车上系了一个十分复杂的绳结，并对外宣布，谁能解开这个绳结，谁就能成为亚细亚的国王。

自此，每年有很多自认为聪敏的人来弗尼吉亚城，想要解开戈迪亚斯王打的绳结。可惜，这些人都没能解开绳结，甚至连绳结的绳头都找不到，就连智者在面对这个复杂的绳结时都束手无策。

亚历山大大帝听说这个预言后，就非常感兴趣，在抵达亚细亚弗尼吉亚城后，命当地人带他去看这个神秘绳结。神奇的是，这个绳结没有受到时光与自然环境的摧残，它依然完好如初地保存着。亚历山大先是仔细观察了一下这个绳结，他和很多人一样，都没有找到绳头。就当众人以为他要放弃时，他突然说："我为什么不用自己的方式来打开这个绳结呢？"说完，他拔出了锋利的宝剑，一剑将绳结劈成了两半。

就这样，这个困扰了无数聪明人的绳结，就这么轻轻松松地被解开了。

一个复杂的绳结，在没有头绪的情况下，只会越解越复杂，亚历山大大帝似乎也意识到了这一点，所以才会一剑将绳结劈开，绳结就眨眼间解开了，最后成就了"利剑斩绳结"这个美丽又充满智慧的传说。

很多时候，问题也像绳结一样，越想的话，就会越复杂。就像老子《道德经》里说的：一生二，二生三，三生万象。问题想得越多，所衍生出来的问题也将越多，那么这个问题将会像是一条射线，一直无限地延伸着，让人看不到尽头。

一个人如果只顾着低头做事，不停下来思考，事情的发展就会出现偏差，但是如果只一味地思考，而不去实践，那么所顾虑的问题将越来越多，事情将永远没有终结的一天。就像一位著名的思想家说的："无尽的思考只会让上帝发笑，因为想而不做的思考是自己骗自己。"与其这样，还不如闷着头去做。

这一年绝对是邓杰的幸运年，因为他做事认真，工作努力，领导们决定提拔他为行政总监，等现在的老总监退休后，他就可以上任。

起初，邓杰听到这个消息后，非常的激动，因为他这么多年的兢兢业业受到了肯定，并且给予了他回报，等这股喜悦之情消散后，他变得忧虑重重。因为现任的行政总监工作做得特别出色，深受职员们的尊重和爱戴，他上任后，能做得比老总监好吗？

邓杰因为这个问题仿佛陷入了梦魇，在这个问题的基础上，他又想他怎么做才能获得比老总监更出色的成就？怎样才能公平地将工作分配给下属？如果下属出现了矛盾，他将如何调节？如果调节不好下属之间的矛盾，他会不会被嘲笑……就这样，他想得越多，所面临的问题就越多。最后，他甚至开始质疑自己，他真的能担此重任，做好行政总监的工作吗？

邓杰退缩了，他去找了老总监，他对老总监说："总监，你和公司反映一下，重新提拔一个人做行政总监吧！"

老总监听后，非常吃惊，他说："多少人梦想着升职加薪，你倒好，怎么反过来要求降职了？"

　　邓杰不好意地说："我怕我做不好。"

　　老总监追问邓杰怎么做不好？邓杰这才一五一十把自己想的种种问题说了出来。老总监听后，笑着说："我在担任行政总监之前，也会像你这样，会想遇到这个问题我该怎么处理，遇到那个问题又该怎么处理。其实，问题哪有这么多？是我们想得多了，问题才会越多。真正的问题呀，只有实践过后才会知道，而答案也会在实践中获知。"

　　经过老总监的开导，邓杰不禁豁然开朗。正如老总监说的那样，哪有那么多问题？只不过是他想得多了罢了。如果真的遇到问题，那就兵来将挡水来土掩好了。就这样，邓杰等到老总监退休后，成为了新的行政总监。他按照老总监的话，遇到问题决不去细想，并且要在行动中去解决问题。一年下来，他已经能很好地胜任行政总监一职了。

　　俗话说，谋定而后动，三思而后行。但是在想的过程中，问题就会接踵而至，并且想得越多，问题就越多。当问题堆积成一座大山时，我们的精神就会被压抑得喘不过气来，勇气也会被这么多的问题一点点消磨掉。当我们缺乏精神力，失去了勇气，行动将会变得遥遥无期。就像事例中的邓杰，正是因为想得多，问题就越多，让他有了退缩的心。这么看来，"三思"更像是拖延我们行动的绝佳借口。

　　其实，很多时候，只有当我们行动起来了，才会发现当初想的那些问题都是不必要的，因为真正的问题都是在行动中呈现出来的。所以，当我们在面对一些事物时，不要过多地去想，让行动告知我们问题在哪儿，然后再在行动中解决。

　　王阳明是一位著名的思想家，他从小就立志要做一位圣人。他的父亲得知他的理想后，觉得他是异想天开，但王阳明不以为然，有了这个目标后，就行动了起来。他四处寻师访友，学习做一位圣人的秘诀，但却屡试屡败。但他并没有放弃，依然在不停地尝试。

儒家有一个非常著名的思想理论，叫"格物致知"。为了验证这个理论的道理，王阳明特地跑去研究竹子，他不仅没有研究出道理，反而还大病了一场，但这也让他知道了通过外物寻找"理"是行不通的。后来，他开创了心学，倡导知行合一。正所谓，梨子是酸是甜，只有尝过才知道，鞋子是否夹脚，只有穿过才知道。我们只有行动起来，才能发现问题在哪儿。一边行动，一边思考，才能将问题解决。

考虑一千次，不如去行动一次，犹豫一万次，不如去实践一次。选择行动，还有成功的机会，选择光想不动，那么将一点儿机会也没有。遇到问题时，不要想太多，让行动来告诉我们如何解决眼前的问题。

2. "想"是原地踏步，"做"才能抵达终点

有这样一个寓言故事：

有一个农场要宰杀一头驴和一匹马，此时有个路过的好心人看到驴和马哭得很伤心，就将驴和马买了回去。

好心人对驴和马说："我救了你们，你们要帮我拉磨，磨豆子，以此来报答我的恩情，如果你们偷懒，我会把你们送回农场去。"

驴和马听到好心人的话，不禁瑟瑟发抖。驴因为哭坏了嗓子，说不了话，只能一个劲儿地点头。马一脸谄媚地说："主人，您放心，我一定会好好干活。"

就这样，好心人将驴和马送去了磨坊，每天都会带两筐豆子让驴和马磨。

驴非常老实，它蒙着头拉磨，一天下来，就将一筐豆子磨好了。

马却喜欢偷奸耍滑，驴在拉磨的时候，它闭着眼睡觉。驴磨好后，它把驴磨好的豆子拖到自己这边，然后又将它自己满筐没磨的豆子推到驴那边。马非常聪明，为了防止好心人看出它没有拉磨的破绽，它特地放了一些豆子在石磨上，随便拉了几圈，营造出拉磨的假象。

驴对马的做法很生气，但它没有马强壮，根本抢不回自己磨好的豆子。不过，它也没有去磨马的豆子，它期待好心人能发现马的

恶行。

天快黑时，好心人来到磨坊，发现马已经磨完了豆子，将它夸奖了一番，当看到驴的筐子里的豆子一点儿没动时，便狠狠地责骂了驴一顿，并表示，如果驴再偷懒，就将驴送回农场去。驴因为说不了话，不能揭露马的恶行，觉得苦不堪言。为了不被送去农场，它磨好自己的豆子后，还要磨马的豆子。

就这样，日子一天一天过去。终于有一天，好心人发现了一个不对劲的地方，那就是驴拉的石磨，地下有一圈深深的脚印痕迹，而马拉的石磨，地下干干净净的。好心人知道，只有沿着石磨不停地走，才会走出一圈痕迹。

第二天，好心人送来一天的豆子后，他没有离开，而是躲在磨坊外偷偷观察。一看才知道，马偷懒睡觉，驴干完自己的活，还要干马的活。

得知真相后，好心人一气之下将马送去了农场，而等待马的结局就是被宰杀。

马偷奸耍滑，光想着如何占取他人的劳动成果，殊不知，它的原地踏步早就为它埋下了祸端。等真相被揭露的那一天，就是它自食恶果的那一天。

驴的做和马的不做，和我们面对问题时的道理相同。因为，想是虚无缥缈的，它在现实中留不下任何痕迹，一味地原地踏步，始终解决不了问题，只有做才能留下痕迹，才能让问题有一个发展，才能有解决问题的可能性。

《哈弗大学的幸福课》这本书中有这样一句话："我们都知道如何才能幸福，悲哀的是我们光想不做。"光想而不做，那无疑是空想。不愿意踏出第一步，又怎么能知道一步之外的景象呢？

　　在想与做上，行动力强的人，一个想法会有一百种做法，而行动力不强的人，一个做法会有一百种想法。可见，很多时候，"想"会成为"做"的绊脚石。如果能将"想"的时间分一点儿给"做"，那么"做"一定会给我们一个满意的答案。

　　尼西娅出生于美国德州，在她很小的时候，父亲患了一场大病，她不得已辍学，照顾着卧病在床的父亲。她的母亲在一家餐厅工作，微薄的薪水根本不够支付父亲的医药费和家庭开支。为此，尼西娅早早地出去工作了，开始了她的销售职业生涯。

　　尼西娅最早销售的是儿童书籍，可是因为她对儿童书籍不怎么了解，致使她的销售业绩并不好。尼西娅冥思苦想，怎样才能让孩子和家长愿意买她的书呢？她觉得，只有当孩子和家长问她每一个与儿童书籍有关的问题时，她都能回答出来后，别人才会相信她说的话，才会买她推荐的书。于是，尼西娅闲暇时会看那些儿童书籍。当她将那些书看得滚瓜烂熟时，面对顾客的问题她都能轻松解决了，她的销售业绩也随之提升。

　　后来，尼西娅转行销售电脑。因为她没有受过高等教育，所以对电脑的知识了解的并不多，尤其是当顾客问她一些深奥的与电脑相关的问题时，她都哑口无言。尼西娅在工作之余，报了一个信息技术班，专门学习与电脑相关的知识。此后，她的销售业绩每一季度都遥遥领先其他人。

　　尼西娅是一个很有想法的人，如果她不去执行自己的想法，那么她的销售业绩会继续止步不前，最坏的结果是被辞退。庆幸的是，尼西娅是一个行动派，她一有想法就立即去做，而她的行动也回馈给她高业绩的成绩。可见，"想"是原地踏步，"做"才让一个人走上巅峰。

　　亡羊补牢，只有将牢补好，羊才不会再被狼叼走；守株待兔，只有守着一个树桩，才有可能等到撞上树桩的兔子。在解决一个问题时，"想"是为"做"做准备的，如果光想不做，问题依然是问题，倘若想后立即去做，那么问题才能画上句号。

3.实践出真知，答案都藏在行动里

《小马过河》的故事里，老马让小马将一袋麦子驮去磨坊。小马在去磨坊的途中，遇到了一条河。它见河边有一头老牛在吃草，就问老牛河水有多深，它能不能蹚过去？老牛说，河水非常浅，可以安全蹚过去。

小马听后，跑到河边，准备蹚过河。忽然，河边一棵大树上跳下来一只松鼠。小松鼠告诉小马河水很深，前一天它的一个同伴掉到水里淹死了。小松鼠的话让小马退缩了，它犹豫不决，到底过不过去呢？它想过去，但又害怕水太深会淹死它。最后，小马跑回家问老马。老马说，想要知道水深不深，试一试就知道了。

小马再次回到河边后，它下了河，发现河水并没有像老牛说得那么浅，也没有小松鼠说得那么深。

故事里，河水究竟有多深？小马就算想破脑袋，也想不出一个所以然。如果想要知道河水到底有多深其实很简单，就像老马说的，亲自下了河，就能知道答案。因为实践出真知，答案都是藏在行动里的，而光想不行动是解决不了任何问题的。

亚里士多德说："地球位于宇宙的中心，日月星辰都围绕着地球转。"哥白尼说："太阳是宇宙的中心，所有天体都围绕着太阳转。"当高倍数的望远镜被发明出来后，人们才知道，地球是围着太阳转，而太阳不过是宇宙中的沧海一粟。

在遇到问题时，想是假设，是天马行空的想象，真正的答案唯有实践时才能获知。就像宇宙中心说，如果没有发明高倍数的望远镜，谁也不能想出宇宙是个什么模样，太阳和地球在宇宙中又充当的是个什么角色。

两个铁球，一轻一重，将它们从相同的高度抛下去，哪个铁球会先落地呢？相信很多人都会觉得重的先落地。可是，著名的物理学家伽利略却用实践告知诉了我们，这个想法是错误的。

在很久以前，人们一直认为物体自由落体时，它的质量和速度是成正比的，物体越重，下落的速度就越快。对此，伽利略提出质疑，他更相信从实践中获得答案。有一天放学后，他对他的同学说，他将在比萨斜塔做一个实验。

不止是学生，就连老师们也很好奇。所以，在伽利略做实验的那天，他们纷纷汇聚在比萨斜塔下。伽利略手拿两个铁球，一个铁球很大，一个铁球很小，他爬上比萨斜塔后，大声地对塔下的人说："我手里有两个球，一个一镑重，一个十镑重，我将把它们同时抛下塔，请大家仔细观察这两个铁球落地的时间。"说完，伽利略将两个铁球同时抛下了比萨斜塔。令人惊讶的是，两个重量相差巨大的铁球居然在同一时间落地。就这样，伽利略推翻了人们一直以为的自由落体定律。

在没有尝螃蟹前，它有没有毒，谁也不知道，只有尝过之后，才发现这个怪异的生物居然那么的美味。一株草药，它有什么功效，只有试验过后才能知道。很多时候，我们面对的问题，其实都是我们想象出来的。但是，想并不能让我们获得真理，只有行动才能让我们获知答案。就如达芬奇说的，"科学是将领，实践是士兵"。实践是检验真理的通道，实践是通向成功的必经之路。

有一位将军名叫赵奢，他曾经以少胜多，打败了一个强大的秦国。赵奢有一个儿子，名叫赵括。赵括特别喜欢研究兵法，说起兵法时头头是道，哪怕是经历很多场战事的将军都说不过他。为此，赵括非常骄傲，觉得自己天下无敌。然而，赵奢不觉得儿子厉害，因为他觉得赵括都是在纸上谈兵，并表示，如果赵括以后成为了将军，一定会被敌国打得溃不成军。

后来，赵奢去世了，秦军又来侵犯，赵国派廉颇为将军。廉颇虽然年岁很高，但打仗很有一套，一直使秦军无法取胜。秦国深知，这样一直僵持下去非常不利，就想了一个计谋，于是派人到赵国散布一个谣言，说秦军最害怕的是赵奢的儿子赵括。赵王将谣言当真，真的派遣赵括去攻打秦国了。

赵括接到指令后，就想着怎么打赢秦国，并作了很多设想。他非常自信，觉得自己一定能将秦国打得落花流水。可事实却是，赵括惨败，不仅令赵军全军覆没，他自己也被秦军箭羽射杀。

书本上说的战略和经验，其实都是参考。两军对战时，排兵布阵变幻万千，并不是想一想就能将敌军置于死地，只有真正经历过战争，才能获知胜利的窍门。可见，实践出真知，只有经过实践的检验，才能获得真正的知识。

我们的想法并不能断定事物的正确与否，也不能用来衡量事物发展的前景。只有行动起来，才能找到我们想要的答案。

4.迷茫是因为想得太多，做得太少

尼莉莎是一位著名的女作家，有一回，一位读者给她写了一封信。这位读者说，他现在的处境很迷茫，每天都有想不完的问题要思考。尼莉莎女士用一句话回复了这位读者：你就是想得太多，做得太少。她的这句话适用于每一个处在迷茫当中的人们。

有一位著名的心理学家曾经说过这样一句话："世界上半数以上的人都是愁死的。"为什么会发愁？多半是因为想，因为想得越多，焦虑就越多。当我们的思绪被焦虑掌控时，大脑就会陷入迷茫，仿佛置身于无边无际的大海，永远也找不到出路。

现在回想一下，你是否是一个会在想问题时容易陷入迷茫的人？看一看是否有这样一些习惯。比如，在挑选物品时，会分析每一个物品的优势与劣势，但最后还是会拿不定注意；在决定干一件事时，分析其中的利与弊，可是分析得越多，就越纠结这件事到底该不该干；在思考一个问题时，总会站在各个角度去思考，然而想得越多，就越质疑自己的答案是否正确……如果有这样一些习惯，那么你十有八九就是一个容易在想问题时陷入迷茫的人。

不可否认，遇到问题时想一想，这是一个好习惯。但是过度的想，就会成为行动的绊脚石。想得越多，做得太少，迷茫会悄然而至，而让迷茫消失的方法很简单，那就是多做少想。

王莎不仅是一位旅游达人，还是一个文艺女青年。在工作之余，她会去各个地方旅游，在旅途中会写一写旅游心得，旅游结束后，分享一下旅游攻略。她的文章一般都发在朋友圈，朋友们看到她这些文章后，也会有一种想去她去过的景点看一看的心情。

忽然有一天，有一位朋友对王莎说："莎莎，你的文章写得那么有感染力，你为什么不开一个公众号呢？这样你的文章就会被更多人看到。"

朋友的话令王莎有股冲动感，她开始想怎样才能做好一个公众号。可是一年过去了，好多个去年刚起步的公众号已经积累了很多读者，也都陆续盈利，只有她依旧没有开始，甚至都没有去注册账号。

王莎明明想开设公众号，为什么迟迟没有行动呢？原因是她陷入了迷茫当中。因为王莎会想，她在工作之余，会不会没有足够的时间写文章？会想自己写得文章合不合广大读者的胃口？会想自己能不能坚持做好公众号？

就这样，王莎想得越多，顾虑就越多，渐渐地，她变得焦虑起来，陷入了到底该不该开一个公众号的迷茫当中。

很多时候，我们在面对一些问题时，还没有做，就被自己繁冗的想法给击退了。可事实却是，我们绝大多数的时候都是有能力将事情做好的。就像事例中的王莎，她因为想得太多，做得太少，最后陷入了迷茫，倘若她一开始就能一鼓作气地行动起来，凭着她的才华，一定能将公众号经营得有声有色。

问题就像是一枚细菌，它会不停地分裂繁殖，而当问题过多时，我们的思想会被束缚住，当陷入迷茫时，时间仿佛乘坐了穿梭机，不知不觉就会快速流逝。当我们恍然时，很多机会已经等不及我们行动就溜走了。

在美国缅因州，有一个名叫巴尼·罗伯格的伐木工人。有一天，他独自在森林里伐木，因为砍伐不当，大树朝他迎面倒下，并死死压住了他的右腿，血流不止。面对这突如其来的灾难，他没有陷入对生与死的恐惧当中。他清楚地知道，方圆数公里没有人家，他想要活着，就不能坐以待毙，必须自救。

巴尼·罗伯格果断地面对灾难，并且行动起来。他脱掉自己的外套，他将外套死死系住右腿，减慢血液的流失。他见身边有一把斧子，就拿起斧子用力地砍树，可是因为用力过猛，斧柄断掉了。他迅速地望了望四周，看见不远处有一把电锯。可是电锯太远，他够不着，他又脱掉一件衣服，用衣服绑住斧柄，将电锯勾了过来。

正当巴尼·罗伯格准备锯掉树干时，他发现树干是倾斜的，锯条会被树干牢牢夹住。面对这样的困境，他只沉默了一会儿，然后就做出了一个大胆的决定，就是用电锯锯断自己的腿。最终，他拯救了自己的生命。

一个人在遇到危及生命的灾难时，会不由自主地想很多，会想着自己会不会有生命危险？会想着自己万一不幸去世，家人怎么办？会想着自己还有很多梦想没有实现。想得越多，就会陷入迷茫，陷入绝望。殊不知，如果将浪费在想上的时间用在自救行动上，那么极有可能已经获救了。就像巴尼·罗伯格，在面对被大树压住这个大难题时，他没有去想那些浪费时间的问题，而是快速行动，自我拯救。

问题就像是一座迷宫，想得越多，它所呈现出的布局就越复杂，最终令我们迷失在这座自我建成的迷宫中。当我们遇到问题时，不要过度去想，立即去做才是关键所在。

5.绝大多数的恐惧源于多想少做

每年秋收之时，就是一位农场主的烦恼之时。因为有很多游手好闲的小偷会光顾他家的粮仓，偷走很多的粮食。农场主曾请来好几个工人看护农场，可是小偷们太狡猾了，他们会用麻袋套住工人，将工人打晕后，继续偷运粮食。

眼看粮仓的粮食日渐减少，农场主急得嘴角起泡。他将被偷粮之事告诉了捕快，捕快们看守的几天，粮仓安然无恙。可捕快们一走，小偷们又猖獗起来。就在农场主无可奈何时，有人向他提议养狗看粮仓。

农场主觉得这个方法可行，就花了重金，从边陲之地运来了几只藏獒。这几只藏獒长得非常魁梧，模样十分凶狠。它们将粮仓守得严严实实，小偷们听到那尖锐的犬吠声，一个个吓得不敢行动。对农场主来说，这绝对是个好消息，但对人经常偷粮仓中的粮食为生的小偷来说，这绝对是个噩梦。

小偷们饿了好几天，他们围在一起，商量着怎么对付藏獒。有小偷提议，他们一起冲上去将藏獒打死；不过，这个提议被否决了，因为他们还没有打死藏獒，就有可能被咬得遍体鳞伤；又有小偷提议引开藏獒，但想到引开藏獒的那个人下场会很惨，也放弃了。但最终，小偷们还是商量出了一个妙计，就是将藏獒毒死。

小偷们将毒药抹在了鸡腿上，当把鸡腿扔到藏獒身边时，藏獒看都不看一眼。原来，农场主将藏獒喂得十分饱。后来，小偷们又把主意打在了藏獒喝的水上。却不想，藏獒喝水的水盆就在它们身边。想要往盆里投毒，就必须有一个人走进藏獒群。

这是一个一劳永逸的好点子，可是这个点子没有一个小偷愿意去执行。小偷们会想被藏獒发现后，同伙们会不会挺身而出？藏獒的鼻子那么灵敏，会不会闻出毒药而不去喝水？会不会还没有走到水盆边，就被藏獒咬死？

小偷们想得越多，就越害怕执行这个计策。就这样，过了好久，都没有找到一个敢于执行这个计划的小偷。

小偷们给藏獒的水盆投毒的想法非常棒，可是再棒的想法不去做的话，最终也只是空想。并且，越是不去做，就会想得越多，就越恐惧去做，最终计划就会夭折。

很多时候，我们在遇到问题时，总会巧妙地想到解决方法。可是，太多人并不着急用巧妙的方法去解决问题，而是会在解决方法上作进一步思考。然而，想得越多，顾虑就越多。顾虑就像是一座座不可攀越的高山，也像是一条条不可横渡的大河，当看到高耸入云的大山、望不到彼岸的河流时，会不由自主地产生恐惧感。这股恐惧感是一个千斤重的包袱，会让人不能往前走动半步。

一个人在黑夜里行走，原本是毫不畏惧的，可是当脑海里产生各种光怪陆离的想法时，就会变得恐惧起来，不敢再向前走。恐惧会让人退缩，会让一个人失去行动力。然而，绝大多数的恐惧不过是人们凭空想象出来的，可以说是自己制造的恐怖源头。其实，克服恐惧的心理很简单，就是不要多想，用行动干扰思绪，让自己不再有空闲时间去制造恐惧的假象。等行动过后，才知道自己当初的恐惧值得不值得，因为行动能告诉人们一切答案。

她是一名在校大学生，她不想为别人打工，所以一早对自己的未来做了规划，就是要开一家咖啡馆。当她将想法告诉她父母的时候，父母并没有支持她。父母觉得，西方人偏爱喝咖啡，中国人更喜欢喝茶。与其开咖啡馆，不如开一个茶馆。再者，她的父母认为她太年轻，缺乏社会经验，一次性投入那么多钱，肯定会亏得血本无归。

父母的话成功左右了她的想法，她会想选不到好的店址怎么办？会想进不到高品质的咖啡豆怎么办？会想如果没有人来她的咖啡店消费怎么办？想得越多，那股开咖啡店的冲动劲儿渐渐归于了平静，甚至隐隐产生了不敢去开咖啡店的念头。

她的老师知道她想开一家咖啡店时，是非常支持的，可是一段时间不见她有所行动，便问她怎么了。她将种种顾虑、种种畏惧告诉了老师。老师对她说："你越是畏惧，就越不敢去做，而你的畏惧并不是现实给予你的，一切都是你自我塑造出来的。有了想法，我们就该立即去做，结果如何，只有做过之后才知道。"

老师的话，让她豁然开朗，她不再去想那么多。每个周末和寒暑假，她都会去咖啡馆工作，学习和积累开咖啡馆的经验。大学毕业时，她积累了一笔资金，加上银行的贷款，开启了一家规模中等的咖啡馆。因为经验丰富，遇到的难题都被她克服了。

所谓的恐惧，就是因为想得多，做得少。如果将想法实践起来，哪还有多余的时间去害怕这儿害怕那儿呢？就像老师说的，绝大多数的恐惧并不是现实给予的，而是自我塑造出来的。只有行动起来，才能将恐惧一一击溃。

人会恐惧，是因为害怕会失败。失败没什么可怕，大不了重头再来。所以，有想法就要立即去做，不要让想耽误你的行动。

6. "想"是你的答案，"做"是标准答案

一张试卷，你能考多少分，需要做过试卷，核对过标准答案才知道。对我们而言，遇到问题时，"想"是自己的答案，而"做"却是标准答案。你的想法与最终的答案相差多少，只有做过后才知道。

在童话故事《歪嘴鲽鱼》中，鲽鱼在参加游泳比赛时，因为它的眼睛长在了一侧，总是游不了直线，就觉得自己一定游不过其它鱼儿。可没想到的是，自己的游泳速度非常快，哪怕不能游直线，它也获得了第一名。我们的想法，有时是基于美好的幻想，有时又基于糟糕的预想，这些"想"，不过是我们以为的答案，真正的标准答案是"做"，只有做过后，才能核对我们的答案是对是错。

在走下一步时，我们会遇到什么，谁也说不准。但是这无法杜绝我们有各种的想法，不可否认，这些想法有些与答案接近，有些与答案相反，但无外乎只有踏出下一步，才能获知结果。就像是看一部电影，在看过电影简介后，我们会预想着里面的情节，会想着结局如何，在观影后，才知道电影真正在说些什么。可见，想只是我们的自以为是，做才是真切实际。

瓦特是一位著名的发明家，他出生于英国一个落后的小镇子上。那时候，小镇上的每家每户都是用火烧水做饭。

有一天，瓦特要出去玩耍，祖母喊住了他，让他帮忙在厨房里烧火。瓦特的祖母将水壶装满水，放在了灶上用火烧。当水烧开时，水壶盖不停地跳动着，发出"啪嗒啪嗒"的声响。瓦特好奇极了，可是

他观察了半天，都没有弄明白水壶跳动的原因。

瓦特问他的祖母，祖母说水开了，水壶盖就跳动了。瓦特对祖母的回答并不满意，他继续追问祖母："为什么水开了，水壶盖就会跳动呢？是因为水壶里有什么东西推动水壶盖吗？"

祖母太忙了，她以"不知道"为由，打发了问个不停的瓦特。瓦特没有放弃找寻答案，此后几天，在祖母烧水做饭的时候，他都安静地坐在灶边认真地观察。他发现，刚刚烧水壶时，水壶非常安静，等水壶里的水烧开时，水壶里就会发出"哗哗"的声响，等有水蒸气冒出来时，水壶盖才会被顶上去，发出"啪嗒啪嗒"的跳动声。当他将灶火熄灭后，水壶盖又恢复了平静。

瓦特反复试验了好几次，终于明白是水蒸气推动了水壶盖的跳动。那一刻，他忽然萌生了一种想法，这种蒸汽是不是能成为一种动力能源呢？有了这个想法，瓦特开始收集资料，他一次次地实验，最终让他发明出了蒸汽机，令世界进入了蒸汽时代。

瓦特的想法是蒸汽能够作为动力能源，而这是他谱写的答案，真正去做才能告知他真正的答案是什么，所谓的"实践是检验真理的唯一标准"，说的就是这个道理。

事实上，不止是瓦特，但凡取得了成就的人，他们在想好了自己的答案后，都会去做，以此来核对正确答案。如果自己想的答案与行动后的正确答案有偏差，他们会矫正，会修改，最后也会取得成功。

他的家乡被群山环绕，村里的每一户人家都很贫穷，世世代代以种果树为生，他也不例外，是一位果农。因为家家户户都有果树，所以果子一点儿也不值钱。很多的果子不是被鸟儿吃了，就是掉落在地里烂掉了。他每年看到这些被糟蹋的果子，心疼得不行。他就想，如果将这些果子运到邻村去卖，会不会赚上一笔呢？

说干就干，他采摘了很多果子，爬山涉水运到了邻村。邻村的人多数以种地为生，他们也不富裕。虽然对果子很好奇，但并没有人愿意花钱买。对此，他很失望，但他又想，如果将这些果子运到镇上去卖，会不会能卖出去？

他又没日没夜赶到了最近的小镇。小镇上的人看到他的水果后，纷纷围了上来。当众人听到他说的价格后，便觉得很贵，只有少数几个富户买了一些。镇上的人建议他降低价格，他摇头拒绝了，因为他的价格还包括了他接连多日翻山越岭的劳苦费。他又背着果子前往了县城，他觉得县城里的富户多，一定会有很多人买他的果子。

这一次果然如他料想的那般，他还没有走到市集，果子就被人抢着买走了。

回到家乡后，他用卖果子的钱和家里多年的积蓄买下了邻居的果子，并雇佣了一些工人，将果子运到了县城。这些果子畅销极了，没多久就被卖的一干二净。

故事里的果农，他所面对的问题是，如何将满山遍野的果子卖出去，并能卖出一个好价格。他每有一个想法时，都会用行动来验证自己的想法是不是正确的。虽然在做的过程中屡屡碰壁，但最终还是成功了。

我们在面对一个问题时，一有想法，就该立即去做。因为不去做的话，我们将永远不知道正确答案是什么。

7. "想"不能解决任何问题

有一座寺庙，需要雕刻一座佛像供人膜拜。寺庙的僧人来到巨石堆，发现了一块非常有灵气的灵石。僧人对巨石说："你被选中做佛石，雕刻成佛像后，受世人膜拜。"灵石听后，非常高兴，立马同意了僧人的提议。

这时，僧人又说："雕刻的过程漫长而痛苦，你能忍受吗？"

灵石想了想，同意了。

灵石被运到寺庙后，工匠开始雕刻，千锤万凿落在灵石的身上，让灵石痛苦不已。仅仅过了一天，灵石就放弃了，工匠们只好把它运送到寺庙的山脚下。后来，僧人又去挑了一块巨石，这块巨石送到寺庙后，工匠们夜以继日地雕刻起来。躺在山脚下的灵石听到山顶传来巨石的呻吟声后，暗暗庆幸自己逃过一劫。

没过多久，佛像就被雕刻好了。那块平凡的巨石，摇身一变成为了受世人敬仰的佛像，每日都会有无数的香客来膜拜它。由于从山脚到山顶的路太过泥泞，工匠们决定铺出一条石子路。他们看到山脚下躺着的灵石后，就把它敲得粉身碎骨，铺成了一条石子路。

每当灵石被香客们踩踏时，它都后悔万分，如果当初它能够忍受痛苦，那么今天受人膜拜的就是它了。

两块石头，巨石成为受万人膜拜的佛像，灵石则成为了受万人踩踏的碎石。这两块石头的结局，其实是必然的。因为巨石不光想要成为佛像，它还付诸了行动，而灵石光想成为佛像，却没有付出行动。

在很多时候，我们也如灵石一样，遇到问题时，总是千想万想。可是，想那么多又有什么用呢？光想不动，问题依然是问题，始终解决不了。

人们只听过"临渊羡鱼"，却不知后一句"不如退而结网"。一个人站在河边，如果只是盯着河里肥美的鱼徒生羡慕，想着鱼儿的味道如何，那么将永远得不到鱼。与其花时间去想，不如回去结一张网来捕鱼，这样才能尝到鱼的美味。在遇到问题时，如果光想不做，那无异于纸上谈兵。只有想了又做，才能将问题完美解决。

波奇出生于美国一个偏僻的小镇，他是一个非常平凡的青年，不过他却有着一个不平凡的梦想，就是要成为一名旅行摄影师。

波奇没有固定的工作，他会今天去镇上的汉堡店帮忙收银，明天又会去邻居家的牧场帮忙。他不喜欢固定的工作，因为他需要时间去练习摄影技巧，以便以后旅行时能拍摄出好的作品。

这一天，波奇结束了一天的工作，当他拿到酬劳时，想着这笔钱可以让他在法国某个小镇逗留一天。当波奇的临时老板知道他的梦想后，却对他这种光想不做的行为很不解。老板对波奇说："你每天想着去这儿拍摄去那儿拍摄，可你不去行动，始终都是空谈。"

波奇对老板说："我想去很多地方，可是每个地方都要花钱，我必须攒够足够的钱才能去。"

"波奇，你想的那些都不是问题，等你真正行动起来，你会发现那些你认为的问题全都能解开。"老板拍了拍波奇的肩膀。

波奇不是很明白，老板此刻真想敲开波奇的脑袋，看看里面塞的是不是棉花，不然怎么会那么迟钝。他解释说："你可以一边旅行，一边打零工，这和你在小镇的生活没什么两样呀！"

波奇长久以来，一直被没钱出去旅行这个问题所困扰。他每天都想着怎么合理支配他所赚取的薪水，会想着怎样用最少的钱环游全世界，会想着每去一个国家在哪里休息。种种问题困住了他行动的步伐，让他不知不觉陷入"想"这个沼泽中。而老板的话让波奇豁然开朗，他明白了，光去想是解决不了任何问题的，只有行动起来，才能将问题解决掉。

所以，波奇当晚就收拾好了行囊，踏上了一段未知的旅途。他一边旅行，一边打着零工，用了十年的时间环游了地球一圈。当他将那些美轮美奂的摄影作品发表出来后，受到了很多人的关注，而波奇也因此成名。

每个人想要实现自己的理想，都需要付出行动，一步步去实现，而光是去想，对实现理想产生不了任何作用。波奇的成功不是偶然，如果他继续待在小镇，想着他的旅行计划，那么他永远都赚不够环游世界的钱，也不知道猴年马月才能踏出小镇。只有行动起来，才能将所有的难题一一击破，最后完成自己的梦想。

遇到问题，光是想是无法解决的，只有做起来才能得到解决，这就好比点柴取暖，如果想要用火柴取暖，那就必须去点燃，可如果光是想着取暖而不去点燃火柴，那么依然还是冷。又比如口渴了，想要喝水，就必须先去取水，如果光想着喝水而不去取水，那么依然还是口渴。所有事物的发展，想是理想化，它不能对事物产生半点儿的影响，只有做起来，才能让事物有一个实质的发展。

一百个想法不如一次实际的行动。光坐着空想，而不迈出行动的脚步，那么永远不会取得进步。所以，在遇到问题时，不要让想来拖累自己寻找答案的步伐，应该要在行动中找寻问题的答案。

8.最好的经验都来自实践

俗话说：不撞南墙不回头。在撞南墙时，曾经撞过南墙的人会告诉你，南墙是软的，可等真正去撞时，才发现南墙的坚硬，只有撞疼后，才知道南墙是不能随意撞的。一个人的一生会听说无数的道理，可是这些道理并不能让人很好地过完一生，因为经验是别人的，路却是自己在一步一步地走。

不可否认，那些道理是很好的借鉴经验，当我们遇到相似的问题时，那些经验会潜移默化地成为我们的想法。如果这些想法没有去做，那么经验始终是别人的经验。只有做过后，才能得到属于自己的经验。

很多人都有攀登珠穆朗玛峰的想法，在攀登前，会借助别人的经验，规划着攀登的路线，想着如何抵御寒冷，然而光想不去行动，那么永远都不会到达峰顶，那些经验也始终是别人的经验。只有去攀登了，才有登上峰顶的可能，而沿途留下的攀登足迹，就是实践过后的属于自己的经验。有了这些经验，就能一次次战胜高峰，一次次缩短攀登的时间。

英吉利海峡是每个游泳达人都想游过的海峡，如果只是站在海岸边参照别人的游泳经验，想着自己是否也该在相同的休息点休息，想着自己多久能游到彼岸，光想不去做，那么彼岸始终是彼岸，别人的经验也只是纸上谈兵。只有真正去游了，才能得知自己存在的问题，需要攻克的难题，通过实践后的经验，每一次游过海峡之时，就是打破自己的纪录之时。

每个人在遇到问题时，都会去想这些问题的每一个细节。可是光想不做，那么这些想法始终是虚无缥缈的，问题依然是问题。只有实践起来，才能知道自己的想法是对是错，才能获取经验。这些经验就是财富，它能让一个人不断走向成功。

法兰克是个年轻小伙儿，他住在美国加州萨德尔镇。因为家庭太贫穷，他不得已就早早辍学，去芝加哥寻找发财的出路。芝加哥十分繁华，他转了好几天也没有找到一处住的地方。当看到街头有许多人以擦皮鞋为生时，他也买了一把鞋刷，开始给人擦皮鞋。半年后，他觉得擦皮鞋很辛苦，而且还赚不到钱。

法兰克用他半年的积蓄租了一间小店，开始一边卖雪糕，一边给人擦皮鞋。

一段时间后，他发现雪糕生意比擦鞋好太多，于是他又在小店附近开了一家雪糕店。后来，雪糕生意太好了，他决定不擦鞋了，专门卖雪糕。他请了两个员工，还将远在萨德尔镇的父母接来芝加哥给他看店。

后来，法兰克见街上多了许多家雪糕店，他的生意受到了影响。他决定要做一个属于自己的雪糕品牌，没想到，他的雪糕品牌大获成功，非常受人欢迎。很多年过去了，法兰克从一个贫穷的小子成为了雪糕大王，他在全球60多个国家开了4000多家雪糕店。

相对于法兰克的成功，住在萨德尔镇附近的年轻人斯特福就没那么幸运了。

他和法兰克几乎是在同一时间前往了芝加哥。斯特福的家境十分富有，他不但读了大学，还读了研究生。毕业后，他梦想着成为一名成功的商人。

在法兰克给人擦鞋子的时候，斯特福住在豪华的酒店里制定市场调查计划。他花费了一大笔钱，经过数年的调查和分析，他得出卖雪糕可以暴富，于是斯特福回到了家乡，他将调查结果告诉自己的父亲，他的父亲差点气晕过去，因为他难以置信，他读了那么多年书的儿子，居然眼光短浅到卖雪糕的程度。

又过了几年，斯特福终于说服了他的父亲，于是他筹备好钱，准备打造一家品牌雪糕连锁店。此时，法兰克已经拥有了无数家雪糕专卖店。

所以，斯特福的雪糕店没开多久，就被各种问题砸晕了头，最后以失败告终。

法兰克想要发财，看到别人擦鞋子能赚钱，他立即去做了。做过后却发现，擦鞋子并不能让他赚很多钱，于是又开了一个雪糕店，一边擦鞋子一边卖雪糕。他的实践让他获知卖雪糕比擦皮鞋更赚钱，这让他在卖雪糕的路上一奔到底，最后获得成功。斯特福也有这个想法，只是他的想法并没有去执行，加上时机不等人，最后他的商人梦夭折在途中。

每个人都想成功，可是成功不光是一个想法。光是去想，是永远不能获得成功的，只有去执行这个想法，才有成功的可能。对我们来说，能一次性成功固然是好，成功不了也能获取经验。因为，失败并不可怕，可怕的是还没有做就已经失败了。

事实上绝大多数的失败就是因为想得太多。过度的想会阻碍一个人的行动，不去行动，哪里会有结果呢？不管结果是好是坏，是成功还是失败，只有去做了，那一定比想强很多。如果失败了，可以根据失败后的经验来调整战略，在行动中不断完善，最终也是能获得成功的。

　　成大事者不拘小节，纵观那些有成就的人，他们从来都不会将问题想得太复杂，不会为某个问题纠结半天，他们更注重于行动，所以，与其把时间浪费在想上，还不如把时间花在行动中，哪怕会失败，也能在做的过程中总结到经验，有了这些经验，那么离成功自然也就不远了。